新时代生态文明思想理论与实践研究

宋文　著

图书在版编目（CIP）数据

新时代生态文明思想理论与实践研究 / 宋文著. --
北京 ：中译出版社, 2020.2（2023.3重印）
ISBN 978-7-5001-6178-3

Ⅰ. ①新… Ⅱ. ①宋… Ⅲ. ①生态文明－建设－研究
－中国 Ⅳ. ①X321.2

中国版本图书馆CIP数据核字(2020)第020925号

出版发行：中译出版社
地　　址：北京市西城区车公庄大街甲4号物华大厦六层
电　　话：（010）68359827；68359303（发行部）
68005858；53601537（编辑部）
邮　　编：100044
电子邮箱：book@ctph.com.cn
网　　址：http://www.ctph.com.cn

出 版 人：张高里
责任编辑：范　伟　吕百灵
封面设计：北京育林华夏
排　　版：北京育林华夏

印　　刷：北京合众伟业印刷有限公司
经　　销：新华书店
规　　格：710毫米×1000毫米　1/16
印　　张：12.5
字　　数：236千字
版　　次：2020年2月第1版　　印　　次：2023年3月第2次

ISBN 978-7-5001-6178-3　　定价：59.00元

前言

习近平总书记在党的十九大报告中，首次将“树立和践行绿水青山就是金山银山的理念”写入中国共产党的党代会报告，且与“坚持节约资源和保护环境的基本国策”一并成为新时代中国特色社会主义生态文明建设的思想和基本方略。同时，在党的十九大通过的《中国共产党章程（修正案）》中，强化和凸显了“增强绿水青山就是金山银山的意识”的表述。这既有利于全党全社会牢固树立社会主义生态文明观，同心同德建设美丽中国，开创社会主义生态文明新时代，更表明党和国家在全面决胜小康社会的历史性时刻，对生态文明建设做出了根本性、全局性和历史性的战略部署。因此生态文明建设要为实现富强、民主、文明、和谐、美丽的社会主义现代化强国做出自己的独特贡献。

我们要认真学习领会习近平总书记指出的关于生态兴则文明兴、生态衰则文明衰，坚持人与自然和谐共生，用最严格制度、最严密法治保护生态环境，建设清洁、美丽的世界等新思想、新理念、新战略。同时，要注意把习近平生态文明思想同学习和实践马克思主义关于人与自然关系的理论结合起来，在全党全社会牢固树立社会主义生态文明观，大力实施污染防治行动计划，推动生态文明建设迈上新台阶。

据此，笔者在总结梳理前人相关研究的基础上，编写了《新时代生态文明思想理论与实践研究》一书。本书共分为五章，其中包括生态文明概论、新时代生态文明思想的理论渊源、全球化视野下的生态文明建设、当前我国生态文明建设的现状、新时代生态文明的建设路径，力求为我国新时代的生态文明建设和改革提供一些有价值的思考。

本书在写作过程中参考引用了许多国内外专家、学者的研究成果，在此表示衷心的感谢！尽管编者本着严谨的治学态度和高度的工作热情编写本书，但书中仍可能存在某些不足，敬请广大读者批评指正。

宋　文

目
录
CONTENTS

第一章 生态文明概论

第一节　生态文明概论

一、生态文明的内涵

“生态文明”的概念是由德国法兰克福大学政治哲学教授费切尔（Iring Fetsrher）最早提出的，他在1978年发表的《论人类生存的条件：论进步的辩证法》一文中指出，人们向往生态文明是一种迫切的需要，……把一切希望完全寄托于无限进步的时代即将结束。人们对自己所幻想的终能无限驾驭自然的时代究竟能否实现已深感疑惑，正是因为人类和非人类的自然界之间处于和平共生状态之中，人类生活才可以进步，所以必须限制和摒弃那种无限的直线式的技术进步主义。尽管最早提出“生态文明”概念的人是西方学者，但迄今为止西方学者中使用这一概念的人屈指可数，但这并不意味着没有相关的研究和实践。事实上，严重环境污染事件最早发生于西方发达国家（包括日本），故环境主义运动和生态主义思想也产生于西方发达国家。国内学者在追溯生态文明的思想起源时，都会提及蕾切尔·卡逊的《寂静的春天》和罗马俱乐部的《增长的极限》，以及更早的利奥波德的《沙乡年鉴》。又因为生态文明建设是以可持续发展为基本目标，故追溯生态文明的思想起源也不能忽略世界环境与发展委员会于1987年发表的长篇报告《我们共同的未来》。“可持续发展”这一概念就因为这一著名报告的发表而广为流传，且随着环境污染和生态危机的日益明显而产生了越来越大的影响。在实践方面，有国内学者则把德国的废弃物回收经济建设、日本的“循环型社会”建设和美国的污染权交易制度建设都归入生态文明建设，而目前西方正流行的低碳经济和低碳社会建设应该也属于生态文明建设。

在中国共产党召开十七大（2007年）之前，中国论述生态文明的论文和著作也不多，只有极少数学者在探讨生态文明。

国内最早提出“生态文明”概念的学者是叶谦吉。1987年5月，在全国生态农业研讨会（安徽省阜阳市）上，叶谦吉说：“我们要大力提倡生态文明建设。所谓生态文明，就是人类既获利于自然，又还利于自然，在改造自然的同时又保护自然，人与自然之间保持着和谐统一的关系。”

1990年，李绍东在《西南民族学院学报》哲学社会科学版上发表了题为“论生态意识和生态文明”的文章。该文认为，文明是指物质建设和精神建设的进步状态，与野蛮、丑恶、落后相对立。生态文明就是把对生态环境的理性认识及其积极的实践成果引入精神文明建设，并成为一个重要的组成部分。它由纯真的生态道德观、崇高的生态理想、科学的生态文化和良好的生态行为构成的。为建构生态文明，必须有明确的指导思想，要强化生态知识的覆盖面，要建设良好的社会生态生理环境，要使生态文明制度化。

1992年，谢光前在《社会主义研究》中发表了《新时代生态文明初探》一文；1993年，沈孝辉在《太阳能》中发表了《走向生态文明》一文；同一年，刘宗超和刘粤生在《自然杂志》中发表了《全球生态文明观——地球表层信息增殖范型》一文。沈孝辉认为，古代几大农业文明的衰落都是由于自然系统的衰落，人与周围环境的生态平衡破坏而导致的结果。可是历史上的生态破坏毕竟是局部的，此地破坏了，彼地仍然良好；而文明的消逝也是局部的，此地的文明衰落或覆灭了，彼地仍会产生和发展出新的文明来。但是当代的问题就不同了，无论是生态破坏还是环境污染，都是全球性的。因此，全球环境的恶化必将对世界文明带来意想不到的恶果。解决环境恶化的关键在于人类应当正视自己的行为所招致和可能招致的环境后果，并对大自然的逆变肩负起不可推脱的责任。为拯救世界和人类自己，人类传统的生活方式、生产方式和思维方式均需进行一场深刻的环境革命，这样才能找到一条新的发展途径，建立一个与大自然和谐相处、互不损害、共同繁荣，以环境保护为旗帜的人类新文明——生态文明。

在国家图书馆馆藏目录中检索到的最早论述生态文明的专著是1992年农业出版社出版的张海源著的《生产实践与生态文明——关于环境问题的哲学思考》。该书把环境保护上升到生态文明建设的高度。张海源在“引言”中说：“根据环境污染的现实，保护环境已成为每个国家的政府、社会公民共同的紧迫任务。完成这个任务的前提和结果就是建设现时代的生态文明。”还声称“回答了为什么要建设生态文明、如何建设以及为何能够建设生态文明的问题”，但没有仔细界定何谓生态文明，谈论的主要是生产实践中的环境保护问题，因此该书还不能算是专论生态文明的专著。

然而最早的论述生态文明的专著应是1999年出版的刘湘溶著的《生态文明论》。该书认为，生态文明是文明的一种形态，是一种高级形态的文明，是一种人类与自然协同进化、经济—社会与生物圈协同进化的文明。它不仅追求经济、社会的进步，还追求生态进步。建设生态文明是人类摆脱生态危机的总对策，也是一场文明的全面变革。它既是历史的必然，又是主体的自觉选择；既是我们所憧憬的理想境地，又是已经发生在我们身边的现实。

2007年10月，中国共产党十七大召开。胡锦涛在党的十七大政治报告中明确指出，要“建设生态文明，基本形成节约能源资源和保护生态环境的产业结构、增长方式、消费模式。循环经济形成较大规模，可再生能源比重显著上升。主要污染物排放得到有效控制，生态环境质量明显改善。生态文明观念在全社会牢固树立”。这是中国生态文明研究、宣传和实践的历史转折点。从此以后，生态文明研究和宣传受到了普遍重视，生态环境保护实践也开始归属于生态文明建设。

2012年11月，中国共产党十八大召开。时任中共中央总书记胡锦涛在党的十八大政治报告中提出了“经济建设、政治建设、文化建设、社会建设、生态文明建设五位一体”的“总体布局”，并指出：“建设生态文明，是关系人民福祉、关乎民族未来的长远大计。面对资源约束趋紧、环境污染严重、生态系统退化的严峻形势，必须树立尊重自然、顺应自然、保护自然的生态文明理念，把生态文明建设放在突出地位，融入经济建设、政治建设、文化建设、社会建设各方面和全过程，努力建设美丽中国，实现中华民族永续发展。”胡锦涛还指出：“我们一定要更加自觉地珍爱自然，更加积极地保护生态，努力走向社会主义生态文明新时代。”

2017年10月，中国共产党十九大召开。中共中央总书记习近平在党的十九大政治报告中指出：“建设生态文明是中华民族永续发展的千年大计，必须树立和践行绿水青山就是金山银山的理念，坚持节约资源和保护环境的基本国策，像对待生命一样对待生态环境，统筹山水林田湖草系统治理，实行最严格的生态环境保护制度，形成绿色发展方式和生活方式，坚定走生产发展、生活富裕、生态良好的文明发展道路，建设美丽中国，为人民创造良好生产生活环境，为全球生态安全做出贡献。”

迄今为止，在中国，“生态文明”概念受到了普遍的重视，但只有中国把生态文明建设提到了“基本国策”“五位一体总体布局”和“千年大计”的战略高度。

中国共产党十七大之后，关于生态文明建设的研究成果日益增多。就生态文明建设问题，越来越多的人达成了如下共识：我们必须在谋求发展的同时保护环境、维护生态健康；现代工业的高消耗、低效益、重污染的产业结构必须得到调整；“开采—生产—消费—废弃”的线性经济增长是不可持续的，必须改变经济增长模式，变线性经济为循环经济；必须发现新能源（清洁能源），发展新技术（清洁生产技术、生态技术等）。但关于何谓生态文明、生态文明与工业文明的关系、生态文明理论与现代性的关系、生态文明建设与现代化建设的关系等问题仍存在很深刻的分歧。而根本分歧就是对生态文明理论与现代性之关系、生态文明建设与现代化建设之关系的理解上的分歧。各种关于生态文明的表述，还存在许多认识错误、逻辑错误和思想错误。

生态文明存在两种概念。一种概念，生态文明就是人类保护环境的努力和成就，或人类表现为环境保护的文明；人类文明应由物质文明、精神文明、政治文明和生态文明等构成；生态文明只是文明的一个组成部分，现代工业文明缺了生态文明这一块，所以造成了空前严重的环境危机和生态危机，补上生态文明这一块，现代工业文明就安然无恙了。也可称其为“修补论”派。另一种概念，生态文明将是人类文明发展的崭新阶段，是超越现代工业文明的崭新的文明。也可称其为“超越论”派。现代工业文明并非仅是缺了生态文明这一维度，它的基本构架就是与生态文明不兼容的。从物质层面上看，现代工业产品总是污染环境的，总是破坏生态健康的。从制度层面上看，由“资本的逻辑”制导的社会制度总在激励着人们的物质贪欲。从科技层面上看，现代科技的发展方向就是错误的，它扬言逼近对自然奥秘的完全把握，追求日益强大的征服力，支持物质主义的生活方式。因此，现代科技的滥用与全球性的环境破坏有着内在的关联。从观念层面上看，物质主义、消费主义、经济主义和科技万能论支持着“资本的逻辑”，从而支持着“大量生产、大量消费、大量废弃”的生产生活方式，而这种生产生活方式恰恰是全球性生态危机的直接根源。故只有超越了现代工业文明，才可能建设生态文明。而现代工业文明的这个“旧瓶”装不了生态文明的这杯“新酒”。

前一种观点谈论的生态文明是与物质文明、精神文明、政治文明、社会文明共时态的，有人说这是就文明构成或要素而论的生态文明。后一种观点根植于文明的历史理论，论者常说人类文明已经历了原始文明、农业文明和工业文明，如今文明又到了转型期，将由工业文明转向生态文明。习近平总书记赞成这种观点，他说："人类经历了原始文明、农业文明、工业文明，生态文明是工业文明发展到一定阶段的产物，是实现人与自然和谐发展的新要求。"

从理论争鸣的角度来看，两派的争论对深化生态文明理论研究具有很强的推动作用。"修补论"派因为亲现代性而表现得十分务实，而"超越论"更具有思想的彻底性和深刻性。

两派的主要分歧出现在三个方面：一是关于"文明"界定的分歧；二是理解生态文明建设与市场经济之关系的分歧；三是理解生态文明建设和科技进步之关系的分歧。以下分别述之。

"修补论"者通常把文明理解为人类创造的积极成果，文明不包括邪恶、丑恶、消极的东西。我国官方意识形态所讲的物质文明、精神文明和政治文明分别是指人类物质创造、精神创造和政治建构的成就；如此理解的"文明"不涵盖鸦片、海洛因一类的人造物，不涵盖希特勒《我的奋斗》一类的思想建构，不涵盖"凌迟""车裂"一类的酷刑。而"超越论"者所说的"文明"是历史学家、考古学家和人类学家所常说的"文明"，不专指人类创造的积极成果和人类生活的美善状态，而是指特定一个民族或族群的整体生存状态。当我们把现代人类文明划分为渔猎采集文明、农业文明、工业文明时，就是在这一意义上使用了"文明"一词。

围绕着生态文明与市场经济的关系问题，也存在两种根本不同的观点。一种认为，生态文明与资本主义是不相容的，而市场经济与资本主义是不可分的。另一种则认为，建设生态文明离不开市场经济，资本主义是可以"绿化"的。持前一种观点的著名人物有美国左派思想家布克金（Murray Bookchin）等人。布克金认为，绿色资本主义是不可能的；在资本主义市场经济条件下谈论"限制增长"，就如同在武士社会里谈论战争的界限一样毫无意义。你不能说服资本主义去限制增长，正如你不能说服一个人去停止呼吸一样。"绿色资本主义"或资本主义"生态化"的努力，在追求无限制增长的资本主义体系内都是不可能的。而西方主流经济学家大多信持后一种观点。在他们看来，环境问题或气候变化问题都属于经济问题，可以诉诸市场而得以解决。因为只要给环境、资源等定个价，规定"谁污染谁付费"以及"谁使用自然资源谁付费"，就可以有效地保护环境和高效率地利用自然资源。美国的污染权交易制度和眼下流行的碳交易制度都是按这一思路建构的。在这些经济学家看来，“绿色资本主义”或资本主义“生态化”不仅是可能的，而且是拯救地球的唯一出路。

尽管不能把市场经济等同于资本主义，但市场对社会生活的覆盖率超过特定限度时就必定走向资本主义。市场经济的运转当然只能由资本去推动，当市场对社会生活的覆盖率超过一定限度时，“资本的逻辑”就会成为制度建设的根本指南，资本家就会成为领导阶级。当一个社会的领导阶级是资本家或与资本家分享利润和特权的政治家，社会制度建设的根本指南是“资本的逻辑”时，该社会无疑就是资本主义社会了。布克金曾说，资本主义把经济增长看作最高社会目标，要求人类的一切活动，包括政治、军事、科学、文化乃至宗教，都服务于经济增长，归根结底都服从于“资本的逻辑”——不增长毋宁死！如果经济增长，就必然意味着物质财富的增长，则绿化资本主义是不可能的！因为物质财富的增长是有极限的，地球生态系统的承载极限就是物质财富增长的极限。

资本主义创造了巨量的物质财富。若公平地分配今日世界的总财富，则人人都有过有尊严的生活的物质保障，但资本主义世界格局的分配制度是严重不公的。发达国家不到世界20%的人口却占有、消耗着世界80%的资源。一方面，富人们可以拥有私人飞机、游艇；另一方面，全球仍有10亿多人口处于饥饿状态，每6秒钟就有一名儿童因饥饿或相关疾病而死去。西方经济学家总鼓吹“效率至上”原则，认为只要经济效率高，世界经济这块“大蛋糕”就会不断增大，总有一天能让世界各地的穷人仅因分到这块“大蛋糕”的“蛋糕屑”便拥有体面生活的物质条件。也许能说这种发展战略在某些发达国家内部已取得了成功，但绝不可由此断言，这也将在全球化的世界取得成功。因为全球生态环境会在未等到10亿多饥饿人口分享到“大蛋糕”的足够多的“蛋糕屑”时就趋于总崩溃。只有当世界总财富的分配趋于公平时，全球环境保护才会有成效。但在资本主义体系内，绝不可能有世界总财富的公平分配。在一个国家内部也是如此，你不能指望在资本主义国家内部消除贫富悬殊。所以，资本主义与生态文明是不相容的。

中国坚持走社会主义道路，这是建设生态文明的有利制度条件，但目前中国的分配制度尚须进一步按社会主义的要求加以改变。2010年，有经济学家估计我国居民收入分配的基尼系数即将超过0.5。富人的一次消费，可达几十万元，而一个农民工一辈子也难挣到几十万元。建设生态文明，要求限制人们过度的物质消费。我国现阶段需要用宏观经济政策刺激消费，但同时必须密切关注经济增长的生态极限。如果我们的制度鼓励人们在物质消费方面竞相攀比，则势必走向生态崩溃。为鼓励适度消费、绿色消费和合理消费，必须抑制贫富严重分化，必须抑制巨富，不让巨富们的超豪华消费产生模范效应。为了能做到这一点，必须通过强有力的所得税制度实现再分配，建立完善的社会保障机制，让所有人都拥有过上有尊严的生活的物质条件。

“修补论”者大多是经济主义者，认为发展才是重中之重，环保绝不能压倒了发展，而发展以经济增长为前提，经济增长又只能以物质财富增长为标志。鉴于“冷战”期间计划经济的低效率，经济主义者对市场经济高度认同，他们不赞成对资本主义的“过激”批判。我国意识形态更倾向于“修补论”。而“超越论”者大多放弃了经济主义。他们认为，环境保护即使不是比经济增长更重要的目标，也是同等重要的目标，故绝不能以环境破坏换取经济增长。习近平总书记关于“绿水青山就是金山银山”的一系列论述的要点就是：经济增长与生态环境保护同等重要，既不能以生态环境破坏去换取经济增长，也不能以保护生态环境为由放弃追求经济增长。

就生态文明建设与现代科技进步的关系问题，也存在两种根本不同的观点。一种观点认为，现代科技的发展方向就是错误的，现代科技一味地追求征服力的扩大，全球性的环境危机、生态破坏和气候变化，正是现代工业文明滥用现代科技的后果，必须实现科技的生态学转向，才可能建设生态文明。另一种观点则认为，科技始终是一种进步力量，科技发展有其内在的逻辑，不存在什么科技转向的问题，只要人类善用科技，就可以建设生态文明。笔者认为前一种观点是正确的，科技发展没有什么“内在的逻辑”，科技永远应该以人为本，并非任何科技发明都代表着人类文明的改善（原子弹、氢弹的发明恐怕不能算是文明的改善）。现代科学是以穷尽自然奥秘为最终目标的科学，现代技术是以现代科学为知识资源、以无限扩大征服力为目标的技术，合起来可称为无限追求征服力增长的科技，或简称为征服性科技。全球性生态危机的出现与这种科技的进步有内在的关联。这种科技支持“科技万能论”，支持“资本的逻辑”，支持“大量生产、大量消费、大量废弃”的生产生活方式。若不彻底扭转科技的发展方向，生态文明则建设无望，因此必须实现科技的生态学转向。由追求日益强大的征服力的科技转向以人为本、保障生态安全、维护生态健康的科技，这就是科技的生态学转向。实现了这种转向，我们就会优先发展生态学与环境科学，优先发展清洁能源、清洁生产技术、生态技术以及一切支持循环经济的技术（包括低碳技术）。“修补论”者大多信奉第二种观点，而“超越论”者大多信奉第一种观点。

正因为生态文明是一种将要出现的崭新的文明，所以任何一种生态文明理论都不是完备的理论，两种生态文明概念的争论将会持续很久。我们认为，“超越论”是更具有理论彻底性的生态文明论，是真正能指引人类走出生态危机的理论。但建设生态文明绝不能只停留于理论，必须付诸实践。在建设生态文明的实践中，我们又绝不可能立即将现实中的现代工业文明打得粉碎，然后在废墟上建一座崭新的生态文明大厦。现实中的文明革命只能是“渐进的革命”，如逐渐改变能源结构，扩大清洁能源比例，一步一步地改变产业结构，一步一步地扭转经济增长方式。现代工业文明也确实有值得继承的积极成果，故“修补论”也确实包含着合理的成分。支持“修补论”最有力的理由是：人类不可能退回到农业文明，谁都不愿回到贫穷的古代，生态产业既然是产业，就必然是大批量、高效率的生产方式，即生态文明必须继承现代工业文明的许多技术和组织形式。

我们将综合现有成果的合理思想，给出一个对“生态文明”清楚的定义。

为能清楚地界定“生态文明”，我们先要清楚地界定“文明”。1999年版《辞海》解释“文明”一词为：①犹言文化，如物质文明、精神文明；②指人类社会进步状态，与“野蛮”相对。如上所述的“修补论”就是在第二种意义上使用“文明”一词的。《辞海》解释的“文明”的第一种意义与“文化”同义。英国学者菲利普·史密斯（Philip Hzgar Smith）在《文化理论——导论》一书中也指出，当“文化”一词指“整体上的社会进步”时，它与“文明”一词同义。如果我们把“文明”用作“文化”的同义词，则不能不考察历史学家和人类学家对这两个词的用法，即不能不考察历史学家和人类学家所赋予这两个词的内涵。

美国文化人类学家托马斯·哈定（Thomas Harding）等人认为，“文化是人类为生存而利用地球资源的超机体的有效方法；通过符号积累的经验又使这种改善的努力成为可能；因此，文化进化实际上是整体进化的一部分和继续”。英国著名人类学家马林诺斯基（Bronislaw Malinowski）认为，文化是“一个有机整体（integral whole），包括工具和消费品、各种社会群体的制度宪纲、人们的观念和技艺、信仰和习俗”，是“一个部分由物质，部分由人群，部分由精神构成的庞大装置（apparatus）”。这种意义的“文化”是指“一个民族、集体或社会的生活方式、行为与信仰的总和”。这是在“20世纪上半叶受到多位人类学家支持”的文化定义，“至今仍然在该学科中占据主导地位”。如果把这样的界定看作对“文化”的定义，则它同样适用于“文明”。这是广义的“文化”或“文明”。这种意义的“文化”或“文明”是指人类超越其他动物所创造的一切，历史学家通常也在这一意义上使用“文化”或“文明”。英国著名历史学家阿诺德·约瑟夫·汤因比（Arnold Joseph Toynbee）所说的“文明”就是这一意义上的“文明”。

我们还必须较为清楚地界定何谓“生态”（ecological）。一个名词一旦成为褒义的流行词就难免被滥用。“生态”一词如今常常被滥用。

生态学（ecology）的问世应是科学史上划时代的事情，因为它不仅开辟了一个全新的研究领域，而且还采用了不同于现代主流科学的方法，提出了全新的科学理念。

生态学最早于1866年为德国博物学家海克尔（Ernst Haerkel）所提出。海克尔是达尔文的热心且有影响的信徒。海克尔认为，生态学是关于“生物与环境之关系的综合性科学（comprehensive science）”。这一定义的精神清楚地体现在布东·桑德逊（Burdon Sanderson，1893）的生物学分支探讨中，其中生态学是关于动植物相互间外在关系以及与生存条件之现在和过去关系的科学，与生理学（研究内在关系）和形态学（研究结构）相对照。对许多生态学家来讲，这一定义是禁得起时间检验的。所以，李克利夫（Ricklefs，1973）在其编著的教科书中就把生态学定义为“对自然环境，特别是生物与其周围环境之内在关系的研究”。

在海克尔之后的若干年，植物生态学与动物生态学分离了。有影响的著作把生态学定义为对植物与其环境以及植物彼此之间关系的研究，这些关系直接依赖于植物生活环境的差别（坦斯利，Tansley，1904），或者把生态学定义为主要关于可被称作动物社会学和经济学的科学，而不是关于动物结构性以及其他适应性的研究（埃尔顿，Elton，1927）。但是植物学家和动物学家早就认识到植物学和动物学是一体的，必须消弭二者之间的裂缝。

安德沃萨（Andewartha，1961）把生态学定义为“对生物分布和丰富性的科学研究”。克莱布斯（Krebs，1972）认为这一定义没有反映“关系”的核心作用，于是又对定义作了修正：生态学是“对决定着生物分布和丰富性的相互作用的科学研究”，并说明生态学关心“生物是在何处被发现的，有多少生物出现，以及生物出现的原因”。于是当代生态学家认为，生态学应被定义为“对生物分布和丰富性以及决定分布和丰富性的相互作用的科学研究”。可见，生态学的基本方法是系统方法，其主要研究目标是生物机体、物种、群落等与其生存环境的复杂互动关系，在强大的主流科学（以物理学为典范）的影响下，当代生态学家们也不免要努力采用还原论的方法，要努力建构数学模型，故非专业生态学家已难以读懂专业生态学家撰写的专业论文和专著了。但美国生态学家巴里·康芒纳（Barry Commoner）所概括的生态学的四条法则是简明扼要的，这四条法则是：其一，每一种事物都与别的事物相关；其二，一切事物都必然有其去向；其三，自然所懂得的是最好的；其四，没有免费的午餐。

有了对生态学的基本了解，我们才能较准确地把握作为形容词的“生态”一词的用法。“生态”或者与“生态学”同义，或者指生物（包括人类）与其生存环境的相互依赖和协同进化。

因此，生态文明是指用生态学指导建设的文明，指谋求人与自然和谐共生、协同进化的文明。未来的人类历史将显示：将“生态”与“文明”结合起来而构成一个新词——“生态文明”，这是人类思想史上最伟大、最重要的创新。这次思想创新标志着人类克服西方现代性引领的片面的分析性思维的开始，标志着东西方智慧深度融合以探讨文明可持续之路的开始，也标志着人类文明超越现代工业文明所创造的高峰的开始。

二、生态文明是人类文明的必由之路

人是悬挂于自己编织的意义之网上的文化动物，文化是律动着的人类生命之流。如前所述，广义的“文化”与“文明”大致同义。学界认为文化大致包含三个维度：器物、制度和观念。但我们主张把文化分析得更细致一些，分为七个维度：器物、制度、技术、风俗、艺术、理念和语言。如此划分绝不意指文化（或文明）真的可以被切割成七块，实际上，文化是整体性的，其各个维度始终处于密切联系和相互作用之中。各维度之间的相互作用大致如图1-1所示。

用文化分析的方法可清晰地发现现代文化的整体功能和发展方向，能较全面地认识人类正面临的生态危机的文化根源，也能较清楚地论证：生态文明是人类的必由之路。

（一）现代文化的特征和整体功能

现代文化是以现代西方文化为典范的，也可称之为资本主义文化或工业文明。它发端于欧洲十七八世纪，眼下正在全球扩展。有史以来，能在全球扩展的文明或文化，只有这一种。通过表1-1可清楚地审视现代文化的各维度。

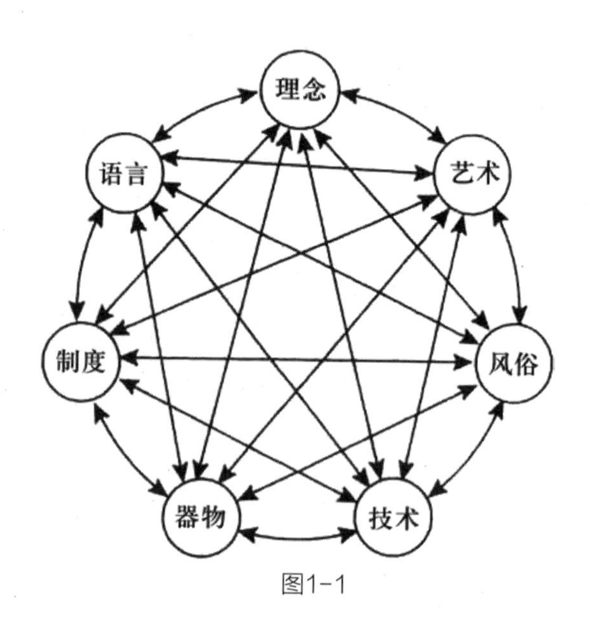

图1-1

表1-1

现代文化	器物	现代工业体系利用煤、石油、铀等矿物资源生产工业品，“大量生产、大量消费、大量废弃”，生产和消费过程都严重污染环境，损害生态健康
	技术	以现代科学为知识资源的征服性技术，追求日益强大的征服力，支持“大量生产、大量消费、大量废弃”
	制度	市场经济制度（受制于“资本的逻辑”）和民主法制，激励人们追求自我利益最大化，要求尊重人权，激励人们的物质贪欲，激励“大量生产、大量消费、大量废弃”
	风俗	不断变化的、去道德的时尚，消费主义时尚，不断加快的生活节奏
	艺术	商业化的大众艺术，受制于“资本的逻辑”
	理念	个人主义、快乐主义、物质主义、经济主义、消费主义、科学主义、人类中心主义、物理主义，为“大量生产、大量消费、大量废弃”的生产生活方式提供理由
	语言	英语是准国际语言

现代文化的各个维度互相关联、互相支持（不排除偶尔的相互冲突），形成了巨大的整体功能和征服力量。这里所说的“征服”既指发达国家对不发达国家的控制和征服，又指对自然的征服。在殖民主义时期，率先实现现代化的国家竞相征服前现代化国家。20世纪六七十年代以来，现代文化对自然的征服则日益引起人们的关注。

个人主义使人们重视个人权利，却使人们比较容易忽视对他人、社会和世界的责任。实际上，个人主义严重遮蔽了人们的视界，使人们无法认清人类应对地球生物圈所负的责任。快乐主义、经济主义的实质是物质主义。快乐主义要求人们把感性快乐当作人类追求的终极的善；经济主义要求人们把经济增长当作社会追求的最高目标；物质主义则要求人们超越基本需要，以无限追求物质财富的方式追求人生意义。人类中心主义认为，道德关系只是人与人之间的关系，人与自然物之间没有道德关系，人类道德与自然之整体秩序也没有任何关系。对自然事物，人类能做什么就可以做什么，不必有任何道德顾忌。科学主义告诉我们，只有实证科学提供的知识才是真正的知识，世界就是科学所描述的那个样子。随着科学的进步，人类知识将逐渐逼近对全部世界奥秘的把握，使人类能够在宇宙中为所欲为。物理主义认为，自然（或世界）就是物理实在之总和，自然的根本规律就是物理规律，科学将日益逼近“终极理论”（final theory）。终极理论就是把握了“自然的终极定律”的理论，“知道了这些定律，我们手里就拥有了统治星球、石头和天下万物的法则”。现代理念的基石是物理主义和科学主义，其要害是普遍的物质主义价值导向。

坚信物理主义、科学主义、经济主义和物质主义的人们认为，“贪婪和无止境地追逐利润完全不是什么值得道歉的事情，它带来了有史以来最大的人类解放的希望”。

现代社会制度，即市场经济制度和民主法制，就是根据如上理念设置的。它力图保障人权，激励人们追求“消极自由”，追求自我利益最大化，激励人们拼命赚钱、及时消费。一言以蔽之，即激励着人们的物质贪欲。制度的激励作用不同于单纯意识形态的劝诱，与其规范、惩戒作用是相辅相成的。现代制度一边激励着时代的弄潮儿们拼命赚钱、及时消费，一边胁迫那些能享受“孔颜之乐”的人们就范，如果他们过于顽固，会被毫不留情地排挤到社会的边缘。

这种视经济增长为最高目标的文化，势必极端重视科学进步、技术创新和经济增长，同时推动着生活节奏的加快和生活内容的快速变化，而现代社会再也不能保持传统社会的那种有浓郁道德意蕴的、长期不变或十分稳定的风俗。事实上，现代风俗就表现为不断变化的时尚，它从属于“资本的逻辑”，商家和媒体强有力地操纵着时尚，从而使时尚成为商业促销的背景条件在传统社会，风俗是“内在制度”，是维系道德的重要机制：现代风俗因沦为商业促销的背景条件而呈现较强的去道德倾向，即由于现代时尚与道德无关了，因此风俗不再具有维系道德的作用。在现代时尚的催促之下，人们不可能再像传统社会的人们那样勤俭节约，如一件衣服即使穿破了，还要派作他用（如做鞋底）。现代人的消费必须紧跟时尚，衣服穿上一两年就必须更新。消费社会不接受勤俭节约的守财奴，因为他们不能有效地为经济增长做贡献，能赚会花的人才是推动社会进步的人，是不落后于时尚的人。

现代艺术也从属于商业，它不仅帮助商家包装商品和给予服务，还以商业化的方式创作并传播。其从业者更看重的是艺术实践之外在的善——金钱，而不是内在的善。它在满足人们的娱乐、休闲和审美需要的同时，传播着现代文化的理念，如快乐主义、消费主义、经济主义等。法国著名社会学家让·波德里亚（Jean Baudrillard）曾以耶路撒冷的一次商业性艺术展为例，概括了艺术的商业化特征，艺术作品在商场中展出，摆脱了几个世纪以来被人们当作唯一物品和特权时刻而被限制于其中的处境。艺术品不再是独一无二的，因为它可以被大量复制，从而可以满足“大众消费”的需要，使艺术也浸泡在工业时代之中。现代艺术就浸泡在商业的海洋之中。

现代技术以现代科学为知识资源，科学在文化中处于理念层面。现代科学设定主客二分，把非人事物设定为没有主体性的对象，人作为认知主体是外在于认知对象的。现代科学奉行还原论的方法，重分析而不重综合（或综合不够）。还原论的科学认为，认知了物理世界的基本构成单元，如基本粒子、场等，便从根本上认知了世界，而任何知识探究都应该以物理学为榜样。以这样的科学为知识资源的技术是征服性的技术，即以征服自然、控制自然为目标的技术，追求日益强大的征服力的技术。其特征是能运用巨大的能量（如发射航天飞机）能进行准确地控制，能消灭不合人意的自然物（如杀虫剂），能产生巨大的毁灭生命的结果（如核武器），甚至能毁灭地球生物圈。

与所有的前现代文化对比，现代文化最突出的特点之一就是能最有效率地追求富强。在现代文化中，科技与经济相互推动、相互作用。在今日的全球化过程中，各民族国家竞相追求富强，形成了全球化的竞争旋涡，它不容任何民族国家袖手旁观。对每个国家来讲，求富似乎是根本目标，争强则是战略手段。沿袭于殖民主义时期的现代国际格局，要求每个民族、国家以军事上的强大保障其经济上的富有。美国军事上的超强恰是其经济上的富有的有力保障。因此，现代文化就这样运作着：在和平时期，各民族国家通过国际竞争，尽力谋求经济增长，这种人类共同体内部的暂时和平是以人类对自然的掠夺和盘剥为前提的，简而言之，是以污染环境、破坏生态健康为前提的。各国日益庞大的工业体系日夜生产出越来越多的工业品，人类生活处于“大量生产—大量消费—大量废弃”的恶性循环之中。在这样的世界，环境污染日益加剧，随着污染物和人工制品的积累、扩散，野生动植物的生存空间日益被挤占，地球的生态健康日益恶化。虽然现代文化无法避免战争，民主法治却可以较好地协调一个国家内部各阶级、阶层、群体的矛盾，把人与人之间的博弈式交往大致约束在彼此不相伤害的冲突限度之内。但迄今为止，民主法治还没有真正有效地推广于国际关系中。世界性战争的危险仍潜存着，核战争对人类生存乃至于地球生物圈的威胁仍潜存着。

（二）对比中国传统文化看现代文化

现代文化的基本功能就是激励各民族国家无止境地追求富强，激励各个国家的多数人无止境地追求财富，这也是现代文化各维度互相协调、互相支持而产生的整体功能。但这种整体功能正剧烈地破坏着地球的生态健康。如果人类文化本来就是对自然生存状态的超越，那么只有现代文化才有明确的反自然意识，从而表现出最强烈的反自然倾向，并造成了最为严重的生态破坏——全球性的生态破坏。

由表1-2可以看出，与中国传统文化比较，现代文化的反自然倾向更加突出。

表1-2

中国传统文化	器物	农产品和手工制品：生产农产品依靠太阳能，人“赞天地之化育”。古代农产品和手工制品的特点是较为亲自然、易降解，不太污染环境
	技术	农耕技术和手工技术
	制度	封建制度
	风俗	长期不变的乡风民俗、封建礼教
	艺术	精英艺术、宫廷艺术和民间艺术
	理念	以儒学为主流的意识形态：天人合一，致中和，畏天命，“存天理，灭人欲”
	语言	汉语

中国传统文化以儒家思想为主流意识形态。儒家思想没有明确的主客体的区分。在儒家看来，“天地之间，非独人为至灵，自家心便是草木鸟兽之心也，但人受天地之中以生尔。”“人在天地之间，与万物同流。”“天人无间断。”也就是说，并非仅人有灵性，草木鸟兽也有灵性；人与非人事物是处于一个连续谱系之中的，人与万物一起生灭不已，协同进化。儒家认为，人不是游离于自然之外的，更不是凌驾于自然之上的，人就生活在自然之中。如程颐说：“人之在天地，如鱼在水，不知有水，只待出水，方知动不得。”意思是，根本不能设想人游离于自然之外，或超越于自然之上。

儒家也不像现代思想那样设定事实与价值、自然规律与社会规范的截然二分。在儒家看来，人道与天道是内在一致的，宇宙万物的生灭流变遵循着相同的道理，人也不例外。如程颐所说，“万物皆是一理”，又如王夫之所言，“道者，天地人物之通理，即所谓太极也”。

儒家相信存在一种整体性的世界秩序，人的生存应该服从这种整体性秩序，即服从天命。如孔子说：“君子有三畏：畏天命，畏大人，畏圣人之言。”又如朱熹解释道："天命者，天所赋之正理也。知其可畏，则其戒谨恐惧，自有不能已者。"天命是超越于人之上的，如朱熹所说："……天命之所为，非人力之所及。"体认"天命"对克服现代文化理念的错误至关重要。

人总是要谋求发展的。汤因比等历史学家认为，文明的本质就是发展或进步。文明的发展不同于自然的进化，但发展可以不是现代意义上的发展。现代人谋求的发展是经济主义和物质主义的发展，或说人总是要张扬其主体性的。现代人以科技创新、征服自然、发展经济的方式张扬其主体性。儒家却以"弘道"的方式张扬人的主体性。孔子说："人能弘道，非道弘人。"朱子解释道："人外无道，道外无人。然人心有觉，而道体无为，故人能大其道，道不能大其人也。"张载则说："心能尽性，人能弘道也。性不知检其心，非道弘人也。"但以"弘道"的方式张扬人的主体性根本不同于现代人之主体性张扬。"弘道"集中体现为对极高人生境界的追求，美德的培养；而现代人之主体性张扬典型地体现为发展经济，用科技之剑征服自然、榨取自然。人类若以"弘道"的方式张扬其主体性，就不会导致全球性的生态危机；若以征服自然、榨取自然的方式张扬其主体性，就势必导致全球性的生态危机。换言之，文明若以"弘道"的方式发展，就不会导致生态危机；若以自征服自然、榨取自然的方式发展，则必然导致生态危机。

儒家强调服从天命，但绝不是劝诫人们无所作为，因为儒家同时强调人可以"赞天地之化育"。"赞天地之化育"大不同于现代人之征服自然。"赞天地之化育"，即顺应天理，调谐人与自然环境的动态关系，适当帮助自然物（如动植物）适时地生长。现代人征服自然，则是用强力和智巧改造环境、榨取自然，制造尽可能多的物品以满足无限膨胀的贪欲。"赞天地之化育"与"平心气，节嗜欲"的要求是一致的。在儒家看来，物质文明的发展应适度，物欲过于膨胀便违背天理，人生的终极关怀应体现为对极高境界的追求。为纠正现代文化理念的错误，现代人特别需要培养儒家的这种"赞天地之化育"的主体性。弘扬这种主体性，人就会一边适度地改善环境，一边在道德修养方面不断用力。君子应"不舍昼夜"地自强不息，但君子的自强体现为不懈努力地追求极高境界，而不像现代人的自强不息表现为永不知足地拼命赚钱。几十亿人永不知足地拼命赚钱，势必导致全球性生态危机的加剧。

正因为中国传统意识形态没有把财富的增长看作头等重要的事情，所以中国的制度也不像现代制度那样激励、胁迫人们去拼命赚钱。由于中国人主要是实践性的道德政治思维方式，而不像西方人的分析性的、强逻辑性的思维方式，因此，中国文化未能生发出现代科学。如牟宗三所比较的，中国人的精神是"综合的尽理之精神”，而西方人的精神是“分解的尽理之精神”。后者能扩充“智的全幅领域”，即逻辑、数学与科学。而前者主要在“超知性一层上大显精彩”，从而未能生发出逻辑、数学和科学。尽管中国古代技术领先于西方技术，但在中国本土无法产生现代征服性的技术，因为征服性技术必须以现代科学为知识资源。正因如此，延续了几千年的中国文化，不会产生巨大的生态破坏。尽管到清末，中国已有众多人口，物质资源需求总量已较大，中国的农业文明也造成了局部地区的生态破坏，但中华文明绝不可能造成现代文明所造成的如此巨大的生态破坏。

概括地比较中国传统文化与现代文化可知：在理念维度，儒家要求人们“存天理，灭人欲”；而不像现代文化的理念劝诱人们以赚钱和占有物质财富的方式追求人生意义。传统中国的风俗是具有道德维系功能的长期稳定的风俗；而不像现代风俗已蜕变为商业促销的背景。传统中国的制度有严重弊端（不合理的等级制、剥夺人权）；而不像现代制度那样胁迫人们拼命赚钱、及时消费。传统中国的技术虽不是绝对亲自然的；但也远不像现代技术那样是征服性的。传统中国生产体系所生产的物品是亲自然的，至少是易降解的；而不像现代许多任务业品那样是难降解的、污染环境的。总之，传统中国文化是相对地亲自然的；而现代文化是反自然的。从政治的角度来看，传统中国文化有很多弊端；但从宏观历史的角度来看，传统中国文化又具有较强的可持续性。从政治的角度来衡量，现代文化有很多诱人之处，但它是不可持续的，通过与传统文化的比较可知，唯有现代文化（文明）才有明确的、强烈的反自然的意识（体现于观念，渗透于制度，表现于生产和消费行为）。现代主流意识形态认为，文明不仅意味着对自然的超越，而且意味着对一切自然物的征服。持极端思想的人们甚至认为，文明所到之处就应该是野生生物被完全消灭之处，他们的最高理想是消灭地球上的一切野生生物，从而创造一个完全人工的世界。如此反自然的文明怎能逃脱自然的惩罚？

（三）生态文明蓝图

文化（或文明）总意味着对动物本能生存方式的超越。人类若完全像其他动物那样本能地服从自然规律，就不会造成全球性的生态破坏。虽然人类会自然地趋于消亡，即随着太阳系的消亡，人类便自然消亡。但现代文化所可能导致的人类灭亡不是自然的消亡。现代文明是不可持续的，是自杀式的文明。莱斯特布朗认为，现代文明的经济是“自我毁灭的经济”。当现代文化将反自然倾向推向极端时，人类面临着自诞生以来最为严峻的考验：我们能否以文化生存的方式或文明的方式与地球生态系统和谐共存？换言之，超越了动物生存状态的人类文明可否不采取反自然的形态？这是21世纪的人类必须全力探究的问题。现代文明的各个维度都必须加以改变，才会成为亲自然的而不是反自然的。生态文明是人类的必由之路！生态文明就是广义的生态文化。

在反思现代文化所导致的生态危机时，许多人充满着怀旧情感赞美原始文化。原始文化当然比传统中国文化更为亲自然，但原始文化毕竟是人类刚刚超越动物界而创造的简单文化，文化的发展势必表现为由简单到复杂的过程。如果我们能回到原始文明，当然能走出生态危机。但让几十亿正享受着现代文明成果的人们自愿地回到原始文明是不可能的，连退回到农业文明也都是不可能的。如果说我们必须走出现代文明而走向生态文明，那么生态文明必须是继承了现代文明一切积极成果而又避免了现代文明致命弊端的更高级、更复杂的文明。原始文明的种种优点也可为生态文明所吸取，但生态文明绝不是向原始文明的简单回复。

表1-3就是针对现代文明的反自然特征和当代生态学的指引，向我们描绘的生态文明之蓝图（见表1-3）。

表1-3

生态文明	器物	生态工业体系生产的绿色产品
	技术	受生态学、系统论等指导的环保技术和生态技术，其主要功能是调谐社会经济系统与地球生态系统的动态平衡
	制度	民主法治和受限制的市场，以生态学为首要指导思想，而不是受制于“资本的逻辑”
	风俗	道德化的风俗时尚
	艺术	多样化的艺术，包括多种独立于商业的艺术
	理念	非物质主义、非经济主义、整体主义、非人类中心主义、超验自然主义
	语言	多种民族语言

（四）生态文明的理念

狭义的生态文化，是以生态价值观为核心的宗教、哲学、科学与艺术；在广义的文化中，狭义的文化主要体现于理念和艺术，当然它也直接渗透在语言、风俗和制度之中，甚至还体现在技术和器物之中。

我们将逐一阐释广义生态文化即生态文明的各个维度，并进而概括生态文明的基本特征。我们认为，理念在文明中起的作用是最重要的，人们的信念不同，其生活追求就不同。虽然理念的重要性在原始文明中还没有充分显示，但在高级文明中却充分显示了出来。如虔信上帝的人们、敬畏天命的人们不会永不知足地追求物质财富，只有信仰物质主义、经济主义和消费主义的人们才会一味地追求物质财富。如果一个社会大多数人的信仰发生了根本改变，那么文明便发生了根本改变。这种转变可能要经历无数世代，在特定历史时期，表现为渐变，用大尺度的历史眼光，就可看出巨大的不同。如从中世纪到现代的西方世界，人们由虔信上帝到信奉物质主义和经济主义，便导致了相应的从基督教文明到现代文明的转变。中国从儒教文明向现代文明的转变，同样体现为一个痛苦的、漫长的理念转变过程。邓小平倡导改革开放以来，国人信念改变得快，社会转型的速度便快。“思想解放了”，改革便水到渠成了。由此可见理念的重要性。

正因为理念于文明是如此之重要，我们将对比着现代文明理念维度的诸“主义”，阐释生态文明理念维度的诸“主义”。

为纠正现代文明理念的物质主义、经济主义、快乐主义和消费主义的错误，生态文明须确立非物质主义和非经济主义的理念。人对物质的依赖源自人的生物性，但人的生物性物质需求是有限的。文明（文化）有把人的物质需要扩大化的倾向，例如，文明使人对食物的需要不再满足于充饥和营养，即使是孔子那样的能做到“贫而乐”的圣人也“食不厌精”。同样，文明也使人对衣服的需要超越御寒保暖而要求体面和优雅，更不用说为举行各种礼仪，需要各种礼器。器物作为一种文化符号，能以可感可触的形式，标识不同的社会等级和地位，以及文化创造水平。但现代文明给未来人类的最大教训之一就是：不可使人们对物质财富的占有欲趋于无限膨胀，而现代文明的最大错误也就是使人们的物欲无限膨胀！人对物质财富的追求必须适度，这个度当然不能定为刚好满足人的生物性需要，如果那样就不可能有文化。但现代生态学能较为明确地告诉人们，对物质财富的追求必须保持在一定限度之内，即人类集体对物质财富的追求不可超越地球生态系统的承载极限。20世纪70年代，罗马俱乐部就已向人们报告了这个限度，却立即遭到了反驳。罗马俱乐部报告的具体计算可能不够准确，但其基本观点没有错：以物质财富增长为明显标志的经济增长是有限度的，而不是无限的。生态学家和生态经济学家可一起进一步探究在地球上发展制造业（如化工和汽车、飞机等制造）的生态极限。

作为文化动物的人的根本特征是追求意义，而不是追求物质财富。带有人之创造印记的器物（人造物）是表征意义的一种手段，但不是唯一的手段。表征意义更不需要无限多的人造物，并非人造物在文化世界中堆积得越多，人所能领略的意义就越丰富。语言的出现是人类文明诞生的根本标志，语言具有最丰富的意义表达功能。语言当然必须借助于物质（如人体器官、空气振动、龟甲、竹简、纸、电子芯片等）才能表达意义，但不需要巨量的工业品，也可以获得丰富的表达功能。现代文化的要害在于，模糊了语言符号与具有一般符号功能的工业品的界限，使人们认为，必须通过对大量的、精致的工业品的占有，才能实现自己的意义追求。如在今日中国，人们大多认为，拥有了高档汽车和豪华住宅，才能表明自我价值的实现，才能表明是有意义的。人们再不可能像颜回那样“一箪食，一瓢饮，在陋巷”，也不改其乐。其实，孔颜懂得一个很浅显的道理：人通过求道、悟道，就可以追求人生意义，人必须通过与他人以及自然交流而求索人生意义，人也必须制造、生产满足基本需要的物质财富，但没有必要贪得无厌地追求物质财富。在基本需要得以满足的前提下，不断地进行精神求索（既指个人学思，也指与师友切磋），既能获得内心的宁静和充实，又能获得巨大的精神快乐和展示个人的卓越。

德国思想家、政治家汉娜·阿伦特（Hannah Arendt）曾考据，在古希腊、古罗马社会，经济活动只是满足人的自然需要（如食物、衣服等）的活动，是从属于必然性的，而政治活动才是更高级的活动。但在现代文明中却颠倒过来了：经济增长成为社会的最高目标，道德、政治、法律、艺术、科学技术等都成为发展经济的手段。“资本的逻辑”似乎是铁的逻辑，它的现实化需要两个条件：一是有足够多的“以赚钱为天职”或以赚钱为最高人生旨趣的人；二是明确财产权和保障货币信用的制度。“资本的逻辑”的实现依赖于以赚钱为最高人生旨趣的人们的活动。仅当一个社会由以赚钱为最高旨趣的人们主导（领导）时，才会有促进资本增值的制度，有了这样的制度，又会进一步培养一代又一代崇尚资本的人。你不能设想，在孔子、颜回和梭罗一类的人被奉为榜样的文明中，“资本的逻辑”能成为制约一切的逻辑。打破“资本的逻辑”不能通过对“资本”定义的分析而实现，只能从改变人们的价值观入手。现代文化能不断培养出以赚钱为最高人生旨趣的人，得力于物质主义、经济主义和消费主义的流行。当一个社会有越来越多的人改变了自己的价值观，不再信仰物质主义、经济主义和消费主义时，人们的非营利性活动和交往会多起来，“资本的逻辑”便会受到限制。

个人主义是现代文明之理念维度的重要成分。个人主义认为个人是社会的基本构成单元，是价值的最终源泉，是终极的权力主体。个人主义是现代文化中主张保障人权的正统话语体系，被某些褊狭的自由主义者视为不可动摇的真理，实际上它只是服务于“资本的逻辑”的意识形态。“资本的逻辑”要求保障个人的财产权和“消极自由”，要求个人拥有信仰经济主义、消费主义和物质主义的自由。个人主义为之辩护说：每个人自己的选择即使是最糟的，也比别人强加的最好的选择好！但个人主义错误理解了个人与社会的关系，忽视了一个最简单的事实：任何个人都不是横空出世、遗世独立的，每个个人都是依赖于他人和社会的。例如，他必须会说话，才能算是一个正常的人，但语言不可能是个人的，而是社会的（或族群的）；他必须满足其各种需要（包括食、色等基本需要），但他只有通过与他人的交往、协作、竞争，才能满足其各种需要。因此，没有任何人可以与他人绝对分离而仍作为人（文化动物）生存着。个人主义使人们片面重视自己的权利，而忽视自己的责任。在全球性的生态危机十分明显的今天，人们不能改变自己的偏好，国际间不能就保护环境、维护生态健康进行有效协作，这些与个人主义对责任的遮蔽密切相关。在未来的生态文化中，我们必须确立整体主义的理念。整体主义能使我们理解个人对他人、社会和生物圈的依赖，也使我们认清个人对他人、社会乃至生物圈的责任。整体主义没有必要否认个人权利，因为整体主义完全可以在承认人的个体性的同时，强调个人对他人和社会的依赖，也就是认为个人既具有相对的独立性，又具有对他人、社会的绝对依赖性。这样，作为一种社会思想的整体主义就完全可以支持民主、法治，从而赞成保障个人的基本权利。

整体主义也是当代生态学的基本方法和观点。生态学的整体主义告诉我们，人不是超越于地球生态系统之上的神，也不是游离于地球生态系统之外的仙，人就是依赖于生态系统之完整性和稳定性的一个物种（虽然人是一种文化动物）。如一直在呼唤生态经济的美国学者莱斯特・R.布朗（Lester・R・Brown）所说的："尽管我们许多人居住在高技术的城市化社会，我们仍然像以狩猎和采集食物为生的祖先那样依赖于地球的自然系统，人类为什么依赖于地球生态系统？理由很简单,人是一个生物有机体，他和他赖以生存的其他有机体一样必须服从同样的规律。没有水人会渴死，没有植物和动物人会饿死，没有阳光人会萎缩，没有性交人种会灭绝。"人类不能只一味地破坏、盘剥、榨取地球生物圈，而不对整个生物圈担负责任（如维护生态平衡的责任）。在生态文化（文明）中，人必须有对这种责任的自觉！

现代文明理念中的人类中心主义是强烈支持人类征服自然、破坏地球生物圈的意识形态，它已受到不同流派的环境哲学的批判。在未来的生态文明中，我们应树立非人类中心主义的世界观和价值观。非人类中心主义的要点不在于承认非人动植物个体具有权利或内在价值，而在于体认价值的客观性，承认人与生物圈的关系也是伦理关系，体认超越于人类之上的终极实在的存在，体认人类自身的有限性。美国科学家奥尔多・利奥波德（Aldo Leopold）表述的受生态学支持的是非标准应成为我们与自然事物交往的是非标准：凡有利于生态系统之完整、稳定和美丽的事情都是对的，反之是错的。判定一件事情是否有利于生态系统的完整、稳定和美丽，必须借助于生态学的实证研究。

在现代文化中，终极实在消失了。终极实在是这样的实在：人源于它，又最终复归于它；它是无限的，它蕴含的奥秘是不可能被人所尽知的；人依赖于它，它永远制约着人类的生存；人对待它的正确态度是心存敬畏，通过倾听它的言说，而理解人类生活世界的秩序，并以服从秩序的方式生活着。基督教的上帝是终极实在，儒家所说的天是，道家所说的道也是。现代人认为，世界就是科学所描述的一切，只有能被科学所说明的事物才存在，凡科学无法说明的东西皆不存在。凡科学所能说明的，原则上都是可以被人用现代技术加以控制的，今天尚未被控制的事物，将来总能被人类所控制。人们相信，随着科技的进步，人类知识将逐渐接近于对世界奥秘的完全把握，并能够在宇宙中为所欲为，或者说“技术可能消除对人类自由的一切限制”。这是现代性所包含的最荒诞的神话！相信了这一神话，终极实在便消失了！科学只能说明有限的存在物（小到基本粒子，大到宇宙学所论述的宇宙），没有能力谈论形而上学意义上的存在问题。科学为否认特定叙事传统中的终极实在提供了强有力的理据，如否认上帝在六天之内创造了世界，或干脆否认上帝的存在，但科学否认不了形而上学意义上的终极实在的存在。对科学的越界信任，导致了终极实在的消失，这是最严重的现代性事件之一。科学能帮助我们理解世界，但仅有科学我们仍不能正确地理解世界，因为对世界的理解不可没有形而上学。

科学与形而上学相结合，可帮助我们用自然主义的方式重新体认终极实在的存在：目前的自然科学知识都是产生于“大爆炸”的宇宙之内的事物的知识。科学主义的自然主义认为，只存在这个宇宙之内的事情，也就是说，只有关于这个宇宙之内的事情的话语才可能是有意义的，谈论这个宇宙之外的事物是没有意义的，因为这种话语必然越出科学话语的界限。这一观点显然设定，只有科学话语才是有意义的话语，它更深的预设是只有能被科学所说明的事物才存在。这却是关于存在的荒唐断言。科学知识之根本特征有两点：一是实证性，二是逻辑性被认作科学知识。这是科学的自我限定，也是它赢得实效从而博得信任的根本。实证性要求是这样的：一个假说必须能得到来自实验或观察的事实证据的归纳支持，才会被接受为科学知识。而事实证据就是能被科学共同体共同感知的现象，或被共同读取的仪表读数（即数据）。也可以说科学信奉“眼见为实”的原则。科学之实证性确保了科学的实践性（即派生出工程技术）。但若以实证性为判断事物是否存在的标准，就相当于这样的独断：凡是我们没有见到的，都是不存在的！实际上，科学主义的自然主义的断言就是，凡与科学家共同体的观察实验结果，没有清晰逻辑联系的关于存在的断言都是不能成立的。简而言之，凡与科学观察和实验没有关系的事物都是不存在的。从逻辑的角度来看，这一断言显然不能成立。说有易，说无难。如果你能找到一只黑天鹅，就可以断言，世界上存在黑天鹅；但你不能说，在科学所能搜索的范围内没有发现什么终极实在，就不存在终极实在。

我们也可以从另外的角度思考终极实在问题。自然科学总在不断地探究自然奥秘，但并非一切科学知识纯粹是科学家的主观建构，但就宇宙学所说的宇宙而言，还有许多奥秘没有被科学所把握。有些人可能认为宇宙奥秘就那么多，科学多发现一点，未知的奥秘就少一点。这一关于已知和未知的信念如图1-2所示。

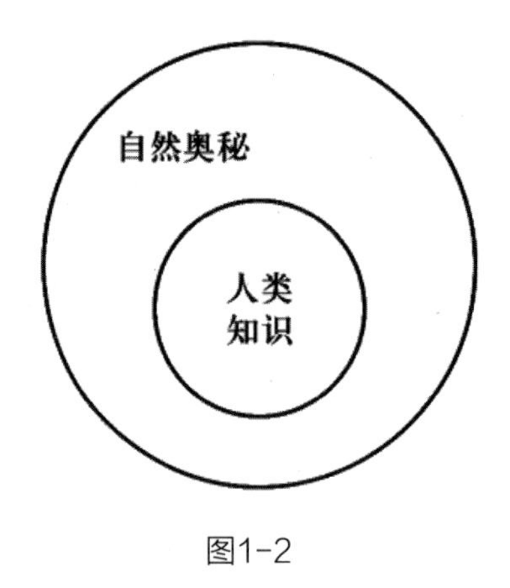

图1-2

在图1-2中，大圆表示定在的自然奥秘，“人类知识”之圆在不断扩张，最终将与大圆重合。这是个错误的信念。

科学无法证明只存在一个宇宙，即现代宇宙学所说的产生于200亿年前一次“大爆炸”的宇宙。李政道等物理学家认为，“天外有天，因为存在暗能量，所以我们的宇宙之外可能有很多宇宙”。这是从科学上推测可能存在很多宇宙。从形而上学和逻辑的角度来看，可能存在无限多的宇宙，或一般地说，世界是无限的，我们所在的宇宙尚有许多奥秘未被科学（人类）所认知，许多宇宙就有更多的奥秘未被科学所认知。世界并不是一堆死物，而是生生不息、运化不已的；并非“天不变道亦不变”，一切皆处于不断的生灭变化之中。我们不妨就把这作为“大全”的生生不息、运化不已的世界叫作自然。人类永远无法建构一个囊括自然奥秘的内在一致的真理体系。科学永远都只能认知有限系统，作为“大全”的自然永远无法成为科学的认知对象，自然只能是哲学之悟的对象和信仰的对象。此即朱子所谓“下学可以言传，上达必由心悟”。但人们对科学的越界信任，使他们或者把自然混同于自然物，或者把关于"大全"的问题斥之为"伪问题"。这就是终极实在消失的认识论根源。

如果我们把自然理解为"大全"，就容易体认自然的无限性和自然奥秘的无限性。谦逊的科学家常有这样的体悟（这种体悟已超越科学思维），如牛顿、爱因斯坦等。20世纪美国生物学家刘易斯·托马斯（Lewis Thomas）的一段话可典型地代表这样的体悟，他说："我感觉完全有把握的唯一一条硬邦邦的科学真理是，关于自然，我们是极其无知的。真的，我把这一条视为一百年来生物学的主要发现。它以自己的方式成为一条发人深省的消息……正是这种突然面对无知的深度与广度的情形，才代表着20世纪科学对人类心智的最重要的贡献。"当代著名物理学家卡洛·罗韦利（Carlo Rovelli）也有类似的体悟，他说："几个世纪以来，世界在持续改变且在我们周围扩展。我们看得越远，理解得越深，就越对其多样性以及我们既有观念的局限性感到震惊，我们就像地底下渺小的鼹鼠对世界知之甚少或一无所知。但我们不断地学习……""我们正在探究的领域是有前沿的，我们求知的热望在燃烧。它们（指人类知识）已触及空间结构、宇宙起源、时间本质、黑洞现象，以及我们自己思维过程的机能。就在这里，就在我们所知的边界我们触及了未知的海洋（the ocean of the unknown），这个海洋闪耀着世界的神秘和美丽，会让人激动得喘不过气来。"

自然奥秘是一张无限大的平面，人类知识只是这个平面的一个圆，无论这个圆扩张得多么大，它都是有限的，而圆之外的奥秘则是无穷尽的。

如今，人们常惊叹于现代科学进步所带来的"知识爆炸"。商业文化则号召人们终身学习，因为科技进步加速，一个人必须不断追赶科技进步的步伐，才能在职场竞争中取得优胜，然而，只追求职场竞争所需知识的人们，终身学习也只能理解人类知识的一小部分，于是他们便总惊叹于人类的伟大。人类知识之圆在不断扩张，平常的终身学习者永远只在知识之圆内部爬行，就像一只漂浮于大海上的蚂蚁，只因永远也看不到海岸，便误以为大海是无限的。只有能站在人类知识边界上且心怀诚敬的人，才能体悟自然奥秘的无限，并由此反观人类理智的有限。陶醉于人类知识之圆内部而狂傲地宣称人类知识正日益逼近上帝的全知全能，这与站在人类知识之圆的边界体认自然奥秘的无限，并反观人类自身的有限，是两种根本不同的境界。

若能心怀诚敬地站在人类知识的边界上，我们即可理解，作为"大全"的自然，正是终极实在，人类源于它（人类是自然界长期进化的产物），又最终要复归于它（参见恩格斯等思想家关于人类消亡的论述）。人类的生存绝对地依赖于自然，例如人类永远不能像上帝那样从虚无中创造事物，人类的制造永远都是对自然物的改造，或“物质变换”。生态学还告诉我们，我们永远依赖于特定的生态系统；而自然永远隐匿着无限多的奥秘，从而永远握有惩罚人类错误的无上权力。正因为如此，人类永远都应对自然心存敬畏，倾听自然的言说，理解自然秩序，以服从自然秩序的方式生活着！这就是超验自然主义的基本观点。

超验自然主义认为经验世界就是科学所描述的那个样子，在这一点上，超验自然主义和科学主义的自然主义意见一致。二者的根本分歧在于：后者认为谈论“大全”和终极实在是无意义的，自然隐匿着无限奥秘也是无意义的；前者则认为，在因人类的狂妄而导致了全球性生态危机的情况下，重新体认终极实在，体认超越于人类之上的世界整体秩序的存在，恰是哲学思维的当务之急。自然的超验性在于“大全”的无限性，在于自然所隐匿的奥秘的无限性，在于自然的生生不息和运化不已。康德说，人类理性只能认识现象，作为“自在之物”的本质永远不能成为理性的认识对象。超验自然主义更倾向于表明：人类理性永远也不能认识自然的全部奥秘，自然之全体或自然奥秘之总和既不是某种不变的定在，也不是一个逻辑体系或数学体系，它永远不能成为科学的认知对象。但人类可借助自然科学知识，站在知识的边界上体悟自然奥秘的无限性。由自然科学知识到承认无限自然奥秘的存在，当然不可能是一个程序化的推理过程，而只能体现为自然奥秘探究者的顿悟。

承认自然奥秘的无限性和人自身的有限性，不意味着主张放弃探究自然奥秘，相反，这恰恰要求我们反对各种“科学终结论”。正因为自然永远隐匿着无穷奥秘，所以只要人类还生存着，自然科学就不会终结，因为它永远是探索性的、未完成的。通过自然科学去倾听自然的言说，恰好可成为人类追求无限（意义）的一种方式。

有人说，超验自然主义是神秘主义，“超验的自然”就是上帝。这是对超验自然主义的曲解，就超验自然主义明确承认自然永远隐匿着无限奥秘而言，它承认自然之全体永远是神秘的，罗韦利就体悟到了这种神秘。否认自然之神秘性，恰是现代性的狂妄与错谬。但超验自然主义绝不把自然的神秘性归结为某种拟人化的神灵，它强调自然的神秘仅体现为自然永远隐匿着无限奥秘。它强调，人类越是强烈地征服自然系统，就越会受到自然的强烈报复或惩罚！但自然的报复或惩罚绝不是神灵的惩罚（如基督教或各种原始宗教所说的那种报复和惩罚），而只会表现为各种各样的自然灾害或疾病，如地震、飓风、洪灾、旱灾、物种灭绝、土地沙漠化、雾霾、水质恶化、土壤恶化、癌症等。自然的报复或惩罚（指具体的灾害或疾病）一旦出现，就可被科学所描述和说明，但人类永远不可能凭借科技而彻底征服自然。

超验自然主义只能是多种信仰（哲学的和宗教的）中的一种。现代哲学和科学探究的一个极为重要的结论就是：没有任何个人、党派或学术共同体能建立终极真理体系，也没有任何一个学科能成为终极真理体系，无论是哲学还是科学，都不可能成为终极真理体系。但超验自然主义是可以与科学交融的哲学思路，可以承继中国传统儒家、道家的思想精华，可为不信神者提供终极关怀。

（五）生态文明其他维度概述

我们在说明了生态文明的理念维度之后，接下来接着介绍语言、艺术、风俗、制度、技术、器物等维度。

1. 生态文明的语言

语言是人类超越其他动物的根本标志，从而是人类文明的基本标志。但通过不同语言的比较而分析文明的差异，是语言学家、人类学家、历史学家等才能胜任的细致工作，此项工作不是哲学的任务。但我们可以设想，在生态文明中，表达和谐、平衡、共生、健康、关怀生命等的词汇应该丰富一些，表达暴力、征服等的词汇应该少一些。人们最常用的词汇能反映时代特征，从而能反映文明特征。如今，我们正努力建设和谐社会，正走向“生态文明新时代”，和谐、平衡、生态文明和美丽中国开始成为中国人追求的理想，而关于和谐、平衡和生态文明的语汇（包括“互惠”“双赢”“共生”等）会丰富起来，这样就会减少许多人为的斗争和冲突。生态文明的语言应该是主和的语言。这当然不意味着建设生态文明不需要经过任何形式的斗争。事实上，科技万能论和反科技万能论、物质主义与反物质主义的思想斗争将会是长期的，线性经济增长方式的既得利益者与力主建设生态经济的人们之间的斗争也将会是长期的，甚至是尖锐复杂的。但总体来说，生态文明应是主和的文明，从而其语言也应是宣扬和平、促进和谐的。

2. 生态文明的艺术

人总是追求意义的，人是追求无限的有限存在者。现代文化激励人们以追求物质财富的方式追求无限（或意义）。当然，物质财富也可被划分为不同种类。有的人看重珠宝、古玩，而现代更多人永不知足地消费科技含量高、设计“人性化”、包装精美的工业品，如汽车、各种电器（如计算机、手机）。现代艺术的主要社会功能就是包装商业服务和工业品，以满足人们的娱乐、休闲和审美需要，激励人们消费，推动经济增长，从而服务于“资本的逻辑”。但艺术可以为人们直接的意义追求敞开无限的空间。蔡元培等教育家、思想家曾主张以艺术代替宗教，就因为艺术能满足人们的超越性追求。王国维在介绍和评论德国文学家、美学家席勒时说：“希尔列尔（即席勒）以为真之与善，实赅于美之中。美术文学非徒慰藉人生之具，而宣布人生最深之意义之艺术也。一切学问、一切思想，皆以此为极点。”王国维认为，艺术和审美的境界是“无利无害，无人无我，不随绳墨而自合于道德之法则”的境界。“一人如此，则优人圣域；社会如此，则成华胥之国。”可见，艺术可成为人们追求人生意义的途径，可满足人们的超越性需要。历史上有这样一些杰出艺术家，他们追求艺术，不是为了金钱，而是为了自我价值的实现；或者他们追求的不是艺术的“外在的善”，而是艺术的“内在的善”。但现代社会不支持这样的艺术家，这样的艺术家生前往往穷困潦倒，死后才名声大噪，从而其作品才得到社会认可，其典型人物是法国画家保罗·高更。现代文化迫使艺术服务于商业在未来的生态文明中，应进一步缩短人们的工作时间，使人们有更多的业余时间。这样，酷爱艺术的人就可以用追求艺术的方式追求人生意义，从而摆脱消费主义的模铸和束缚；就可以逐渐创造出非商业化的艺术，从而促进多样艺术的繁荣和卓越。简言之，生态文明的艺术应是多样化的艺术，应有较大比例的独立于商业的艺术，而不像现代艺术几乎完全附着于商业。

3. 生态文明的风俗

现代文明的风俗表现为生活时尚，它在很大程度上受制于商业和媒体，大众的消费偏好和生活趣味就直接表现在时尚之中。现代时尚有三大特征：一是变化快；二是呈现去道德的趋势；三是跨国界或国际性。这三大特征都与“资本的逻辑”有关。快速变化的时尚催促着人们不断更换消费品，从而起到促销作用，使资本能灵活周转、加速周转。去道德倾向使人们认为，生活中的许多维度是与道德无关的，如消费是与道德无关的，只要市场上有某种商品，人们就可以根据自己的需要去购买，只要有某种商业服务，人们就可以花钱享受这种服务。去道德就是使本该受道德约束的活动摆脱道德的约束。大众持这种态度显然有利于商家。人们在不断变化的时尚中，是否越来越有幸福感，是很值得怀疑的。风俗的去道德化正是现代道德失去传统道德的那种约束力的原因之一。传统道德在很大程度上是靠风俗而内化于人们的心灵的。与现代道德相比，传统道德当然有约束过严的弊端。但现代风俗又基本失去了维系道德的功能，致使道德几乎全靠法制震慑和人际监督维系。因此，现代时尚的前两个特征都不利于生态健康。现代时尚刺激、推动着消费主义的流行，支持着消费社会的“资本的逻辑”，激励着人们的物质贪欲。去道德化倾向使人们忘记了自己作为消费者的社会责任。古代的风俗是民族性的，不同的民族有不同的风俗，即使不同民族的风俗能相互影响，但不可能像现代风俗这样表现为国际性时尚，如一种时装在巴黎流行，很快也会在别国流行。因为古代的经济活动是相对地封闭于特定国家或地域之内的，而今天的经济活动已是国际性的活动，资本在世界市场上流通，在全球寻找最佳投资途径。资本的全球流通和经济贸易的全球化势必推动时尚的国际化，因为资本在强有力地操纵着时尚。

针对现代时尚的前两个特征，生态文明的风俗应恢复风俗的稳定性，并应重新获得维系道德的作用，不应像现代时尚一样几乎完全被商业所左右。生态文明的风俗应有利于培养人们的消费责任，如培养绿色消费的责任，使人们不以铺张浪费、暴殄天物为荣，不以生活简朴为耻；使人们意识到在物质富足的社会，消费者是可以通过自己的消费选择影响整个社会的。一个人坚持购买环保产品似乎微不足道，但当这样的消费者日益增多时，环保产品的市场就会扩大，这样就会促进产业结构向亲自然的方向转变。

现代人的交往方式过分受商业影响。在生态文化中，人们应创造新的交往方式，甚至学习古人，创造性地复活一些古人的交往方式，如诗社、画社、书院等。将来的非营利性社团可以为人们提供多样化的交往空间，从而削弱资本对时尚的操纵。可以断言，如果有越来越多的人摒弃了物质主义、消费主义价值观及与之相应的生活习性，资本对时尚的操纵力就会越来越小。

4. 生态文明的制度

现代制度有其合理之处，但仍存在严重弊端。现代制度的逐渐生长与现代理念的逐渐深入人心密切相关。市场制度与民主制度都与自由和人权观念密切相关。传统社会制度的主要弊端在于它不能有效约束统治者的权力，而被统治者的自由却又被制度约束得过严，从而其权利被剥夺过多，即统治阶级残酷地压迫、剥削被统治者。启蒙之后，西方逐渐建立起宪政民主，这便对统治者（或治理者）的权力实行了法治化、程序化的限制，使之不能不受惩罚地压迫、剥削平民百姓（公民），同时使平民百姓的基本权利受到了法治的保护，这无疑是政治史上的伟大进步，但西方启蒙所带来的政治进步并没有同时导致启蒙学者们预言的道德进步。因此，现代人的整体道德水平丝毫也没有提高。如果平民百姓获得了自由，他们的权利就有了法治和民主的保障，但他们追求人生意义的方式却并不比传统社会的人们更高尚。我们没有理由认为，拼命赚钱、及时消费比“富而好礼，贫而乐”更高尚；也没有理由认为拼命赚钱、及时消费比虔信上帝、拯救灵魂更高尚；现代人甚至也不比忠厚本分、知足常乐的古代农民更高尚。

早在19世纪，法国著名思想家托克维尔就曾指出：“民主利于助长物质享受的欲望。这种欲望倘若没有节制，就会使人们相信一切都只是物质；再由物质主义用煽动这一享受的狂热来完成对他们的引诱。民主国家就是在这个宿命之循环中生长起来。看到这一危险并坚守到底是有益的。”实际上，人类正面临的生态危机与现代制度的价值导向（与主流意识形态的价值导向一致）密切相关。现代制度因过分受制于“资本的逻辑”而激励人们拼命赚钱、及时消费。这种制度又因为能最有效地保证民族国家追求富强而产生了全球性的示范作用（这与它能保障人权，满足人们的自然需要也有关系），但拼命追求富强的国际竞争会使人类在生态危机的泥潭中越陷越深。

生态文明当然不能抛弃市场制度和民主法治。就政治制度建制而言，人类还没有找到比民主法治更能遏制人间罪恶的制度。故民主法治必须被生态文明所继承。但民主法治不是一个铁定的、先验的东西，而是一种开放的制度。在生态文明中，需在保持民主法治基本框架的前提下，探讨如何使思想精英的理性之思维更有效地影响大众的问题。当然不是让思想精英成为“哲学王”或寡头统治者，而是让他们在培养和提高公共理性（public reason）方面发挥更重要的作用。我们不能认为民主与物欲横流必然相伴。随着全球性生态危机的清晰呈现，相信人们有这样的理性：必须改变物质主义的消费偏好，否则我们将在物质享受的狂欢中走向灭亡！当这一信念融入公共理性时，民主就不再支持物欲横流。

市场制度在动员人们进行各种生产方面起着根本性的作用，它利用人们追求自我利益最大化的倾向，用利益杠杆推动人们从事各行各业的经营、生产和创新。生态文明建设不能建立在人性改善的乌托邦梦想之上，所以它不能弃绝市场经济制度。但生态文明可通过其更合理的理念，促使人们改变信念，培养生态良知，甚至克服物质主义、消费主义价值观。这样，市场制度可和民主法治一起激励产业结构和经济增长方式的转变，激励人们消费偏好的转变。当越来越多的人具有生态良知、具有对清洁环境和自然美的偏好时，对生态产业和清洁生产的呼声就会越来越大，对绿色产品（或生态产品）的需要也就会越来越大，从而逐渐发育出生态产品和绿色消费的市场。这样的市场会呼唤支持和激励循环经济和生态经济的制度。

生态文明的制度建设不能接受极端自由主义的指导，不能认为社会越是市场化越好。市场机制必须与政府治理相结合。在自由主义指导下的市场经济中，企业为社会担负的责任过少。自由主义认为，企业的天职就是盈利，只要它不违法经营，无论以何种手段盈利都行。在这种企业理念的指导下，许多企业想方设法地钻法律的空子以谋取利润，更有甚者置道义于不顾。中国现阶段的环境破坏与这样的企业概念密切相关。许多企业造成了极为严重的污染（或外部不经济性后果），就因为它们根本没有把保护环境看作自己的责任。在生态文明中，必须制定扩大企业责任的法律、法规，如把保护环境规定为企业的责任，像德国、日本那样把回收废品也规定为企业的责任。

简而言之，生活于市场经济制度和民主法治之下的人既可以是“经济人”，也可以是“生态人”，生态文明不要求把所有人都转化为圣人。“生态人”可以仍具有“经济人”的追求自我利益最大化倾向，但他们因为同时具有生态良知，而在道德上有所进步，在理智上更加开明（他们的偏好包括清洁环境、自然美、生态健康）。有生态良知的人们的利益观会发生根本改变，他们会意识到利益不仅包括物质财富，还包括人际交往的改善、生态的健康、环境的宜人等。人与人之间的竞争或许是不可消除的。在生态文明中，人际关系仍会保持在适度的竞争张力之中，但由于利益观改变了，“经济”一词的意义也就随之改变了。为利用市场机制，用利益杠杆推动人们去维护生态健康是可能的。当然，不能设想仅凭市场就可驱使追求私利的人们自觉维护生态健康。

生态文明的制度应该有利于非营利性的非政府组织的活动在由现代文明向生态文明的转型过程中，尤其应该鼓励以保护环境为目标的非政府组织的活动。

现代制度似乎支持信仰、价值多元化，实际上它表面的多元化维护着物质主义、经济主义和消费主义的主导地位。许多发达国家的人都信仰基督教，但西方宗教改革之后，基督教就日益能与“资本的逻辑”兼容。如今的基督徒可以同时是经济主义者和消费主义者。美国无疑是信仰上帝的人最多的国家，但许多美国学者承认美国文化是物质主义文化。社会学家也往往以一个人对金钱的重视程度判断他是不是物质主义者。“1966年，针对美国大学大一学生的一项调查发现，仅有44%的大一学生认为赚钱是‘非常重要’或者‘必不可少的’，但到2013年，这一数字飙升至82%。”可见，美国并没有像个别学者判断得那样正因物质富足而超越物质主义。

由于现代制度过分支持“资本的逻辑”，故现代社会不是真正的能促进个人自由发展的多元社会。一个不会赚钱的人会被大多数人看作失败者，不管他在某些方面（比如绘画）如何卓越。主流社会对少数有独特追求的人的贬抑，扼杀了他们的天赋，抑制了他们的创造激情。因此，生态文明的制度应鼓励真正的价值多元化，鼓励人们在生活方式上的独创。在生态文明中，不仅任何宗教都不能提供统一的价值标准，金钱也不能成为统一的价值标准。（即经济主义、消费主义不能居于主流价值观地位）在这样的社会中，一个人不必因为自己赚钱很少而感到自卑，他完全可以在基本需要得以满足的前提下，一往无前地追求自己所认定的最高价值。

货币的产生无疑代表着文明的巨大进步。资本主义“使万物皆商品化”，把货币的魔力凸显到无以复加的程度，从而空前提高了物质生产的效率，这也是具有重要历史意义的。货币是社会的一般价值符号，它只能代表人们共同追求的价值，或者代表一定数量的人群共同追求的价值，但货币无法代表极少数个人追求的独特价值，对个人来讲，其独特追求对于其生活幸福是极为重要的。一个社会的制度若过分支持市场化，就会把占有货币当作衡量个人价值实现的唯一标准，这样的社会必然是压制个性和文化（狭义的）创造性的。

生态文明的制度应保障每个人的基本需要的满足，同时真正鼓励人们的多元价值追求。只有在这样的社会中，个人才能获得最为全面的发展。为保证社会的物质富足，必须保留市场经济制度，即必须保留利用金钱去刺激人们从事各行各业活动的制度。马克思、恩格斯设想的那种完全消除社会分工界限、劳动成为人们"第一需要"的理想社会离现实还十分遥远。任何一个社会都会有许多工作枯燥甚至极为艰辛的行业，没有金钱的刺激，就没有人愿意从事这些行业。更不用说为保持物质丰富，社会必须具有强有力的动员人们从事物质生产的机制。就此而言，市场经济制度是必要的。但是为了纠正资本主义的错误，生态文明的制度必须通过政府掌控的"第二次分配"去鼓励道德进步、精神提升，去激励各种非功利性的文化创造活动。

5. 生态文明的技术

技术的转变是关键性的转变。只有当人类实现了从征服性技术向调适性技术的转变时，才能说我们已从现代文明转向了生态文明。

为实现技术的根本转向，必须有科学的根本转向。现代科学是以说明和预测为主旨的科学。尽管科学属于理念层面，但由于科学与技术关系太密切，故谈论技术时，不能不谈论科学。在生态文明中，我们须由说明和预测的科学走向理解的科学。但理解的科学不是仅把自然物当作客体加以拷问和摆布，而是把自然物当作主体，与之对话，倾听自然的言说。生态学正是这样的科学，普利高津等科学家推动研究的非线性科学也是这样的科学。因此，现代科学具有强烈的还原论倾向。在生态文明中，我们须由还原论的科学走向系统科学（广义上讲，并不仅指系统论等学科）。系统科学研究事物之间的内在联系，事物与其环境之间的内在联系，不忘任何系统都是更大的系统的部分。例如，人类社会是自然的一部分，人类经济系统是生态系统的一部分。生态学是这方面的典范，有了理解性的科学才会有生态技术。理解性的科学是比分析性、还原论的科学更复杂、更高级的科学，生态技术也是比征服性技术更复杂、更高级的技术。由征服性技术向生态技术的战略抉择，"不能简单地建筑在就单个技术而论的基础之上"，而应该是"在技术大系统的规模层次上（运输方式、能源分运网络、城市化、道路网、领土整治等）的统筹抉择”。20世纪60年代，现代生态学奠基者之一霍华德·奥德姆（Howard T. Odum）把生态技术定义为“人类对环境的操作，运用少量的补充能量，以达到控制那些系统的目的。在那些系统中，主要的能量流继续以自然界为来源”。生态技术主要建立在三个设想上：一是自然生态系统具有自组织能力（self- designing capacity）；二是保留那些似乎“没用的”生态系统，如湿地；三是能量自给自足（self-sustaining system）：一个经改定了的生态系统应该只使用最少的外来能量，也就是尽可能使用太阳能和微生物（生物质能）。瑞士学者苏伦·艾尔克曼认为：“生态技术主要针对多少被人为改变了的生态系统”，“且只针对一些局部的特殊情况部分地解决问题”，“而工业生态学针对整个工业体系，其目的是使之在总体上接近于自然生态系统。”艾尔克曼所说的工业生态学就是广义的生态技术。

生态技术是调适性技术，如在森林中，可能会出现某种繁殖过快、严重危害林木生长的昆虫。在现代工业文明中，解决这一问题的常见办法便是喷洒农药，杀灭“害虫”。生态技术则可能采取完全不同的措施：扩大“害虫”天敌的种群，抑制“害虫”的种群，以调适生态系统，使之回归平衡状态。调适性技术不再受征服自然的野心的激励，但不必放弃对自然物的控制和改造。调适性技术的主要努力方向是协调地球生态系统，使之保持动态平衡和生机，努力把对自然过程的干预限制在地球生态系统的承载限度之内。管子关于“人与天调”的思想非常值得我们阐扬。管子说：“人与天调，然后天地之美生。”现代技术日益陷入征服自然的恶性循环之中。由于自然永远隐匿着无限多的奥秘，故无论人类技术如何发达，都不可能达到随心所欲地改造环境的水平。人类对地球的征服力度越大，不确定的灾难性后果就越严重。走出恶性循环的唯一出路是：记取“人与天调”的教训，以生态学为指导，协调人类与地球生物圈的动态平衡关系。中医技术是典型的调适性技术，西医因注重分析、解剖，并精于提炼纯度高的药品，而在治疗许多疾病方面比中医有效。但中医有其高明的地方：中医不是征服性技术，而是调适性技术。中医讲究辨证施治，既重视人体整体机理的协调，又注重人体与自然环境的协调，调理身体的内部机理是中医治疗的主要手段。中医技术研究对未来的生态技术研究具有重要的启示。

在生态价值观和理解性科学指导下的技术可以继承现代技术的许多成果，信息技术则可以直接为生态文明所用。在美国蒙大拿大学哲学系教授阿伯特·博格曼

（Albert Borgmann）看来："信息技术变成了后现代经济的发动机。现代经济已可能患上过分地大批量生产商品带来的僵化症，以及受它在环境中遭受有毒条件所导致的缓慢的（如果不是致命的）中毒。信息处理方式开辟了许多新的生态龛（niches），要求用顾客化的商品和精致的服务来填充。它有利于监控和净化环境，以节约方式使用和循环使用资源。信息本身变成了一种宝贵的资源和精疲力竭的地球所易于承担的消费品。"现代经济不仅"可能患上过分地大批量生产商品带来的僵化症"，而且事实上因"大量生产、大量消费、大量废弃"而造成了巨大的生态压力。信息技术可转化人们的物质消费欲望，即可通过信息消费的方式部分满足人们原来必须通过物质消费才能满足的欲望，从而缓解人类物欲对地球生态健康的冲击，但这必须伴随着人们价值观的改变才能成为现实。

6. 生态文明的器物

文明的器物层面与技术层面有最为直接的相关性，有什么样的技术，就有什么样的器物。工业体系生产工业品，但我们希望，在生态文明中，生态工业体系生产生态产品。

利用化石燃料做能源的现代工业是现代文明的硬性标志。随着人口的增长和现代生活方式的全球性影响，人类不得不使用化石燃料，因为生物资源无法满足日益增长的人口的物质需求。更严重的是，在现代文明中，人口不仅数量增长，而且一代人更比一代人贪婪。你完全不能设想现代人用木柴或农作物秸秆做饭、取暖……但化石燃料的大量使用以及化学工业的扩展，正是现代环境污染和生态破坏的直接原因。西方呼唤生态经济的学者们宣称："随着新世纪的开始，化石燃料的时代已经穷途末路。"在未来的文明中，人类必须寻找新能源。莱斯特·R.布朗认为，这种新能源就是太阳能/氢能，采用太阳能/氢能的经济便是"氢能经济"。"世界能源经济重新建构之后，其他经济部门也会发生变化"。莱斯特·R.布朗的预言也许过于简单，但如何实现由化石能源经济向清洁能源经济的转化，将是生态文明中最重要的科技攻关项目之一，需要一代又一代科技工作者的努力。

实现了能源革命，就不难生产生态产品和环境友好型产品。生态产品和环境友好型产品应成为生态文明中人们使用的主要物品。

随着文明中其他维度的改变，人们对物品的需求量会保持在适度的范围，产业部类也会发生巨大的改变。随着人们价值观的改变，人们的消费偏好会改变，如对电子产品、文化产品的需求量可能提高，对汽车一类商品的需求量会趋于稳定。

值得注意的是，器物对文明的作用一向不限于满足人们的基本物质需要。器物总具有符号价值，即使是古代文明，也需要通过器物去标识不同阶级、阶层的社会地位或政治地位。如中国古代皇宫使用的器物象征着皇家气象。各种礼器、乐器则更有标识社会地位和政治地位的象征意义。

然而，古代社会器物的符号意义与现代工业社会器物的符号意义根本不同。古代社会的物质生产相对不足，物质生产的主要目的是满足人们的基本需要。除皇家和官宦之家外，人们劳动主要是为了获取生活必需品。而现代社会不是这样，现代的物质生产几乎完全从属于“资本的逻辑”。进入消费社会以后，人们拼命赚钱、努力工作，也主要不是为了满足基本物质需要，他们或为制度化的职场竞争所迫，或为追求人生的成功，以及现代消费社会消弭了基本需要和意义追求之间的界限。它用日益丰富的商品等级和商业服务等级编制了一个价值符号体系，这个价值符号体系就是一个价值阶梯。例如，不同品牌和价格的轿车就构成一个标识人生成功程度的价值符号系列：如果你买得起“宝马”，则表明你已跻身成功人士行列；如果你买得起“劳斯莱斯”等超豪华车，则表明你已跻身社会上层……现代制度支持的由物质构成的价值符号体系激励着人们在社会等级阶梯上攀登，从而支持着资本的周转和流通，激励着经济的增长，但物质体系的扩张与生态健康是相互冲突的。

在生态文明中，市场必须受政治、道德和科学（特别是蕴含生态学的非线性科学）的制约，资本也必须受政治、道德和科学的制约。人们价值观的改变和制度的改变，会淡化物质的价值符号作用。有生态良知和较高境界的人们不会再以拥有尽可能多的物质财富为荣，他们对器物的追求会限于基本物质需要的满足，他们的意义追求也将不再依赖于金钱和物质财富的增加。

第二节　中国梦与生态文明建设的历史使命

中国梦是以实现国家富强、民族复兴、人民幸福和社会和谐为基本内涵，以历史的眼光、时代的变迁、文明的复兴，探求中国现代化发展历史镜鉴、人民幸福精神血脉、民族复兴根本力量的思想基石、制度机制和实践指南。中国梦励志人民共享人生出彩机会，总结历史、阐释当代、启蒙未来，指导从实践到认识和从认识到实践的全过程，是个人与社会、认识与实践的辩证统一，是文化思想性、哲学理论性和实践指导性、践行性的辩证统一。中国梦是中华文明历史演进的必然结果。中国梦深刻道出了中国近代以来历史发展的主题主线，深情地描绘了中华民族生生不息、不断求索、不懈奋斗的文明史。习近平总书记指出，中国梦是在改革开放40多年的伟大实践中走出来的，是在中华人民共和国成立70多年的持续探索中走出来的，是在对中华民族五千多年悠久文明的传承中走出来的，具有深厚的历史渊源和广泛的现实基础。

新时代生态文明建设，以中国传统文化中固有的天人合一和中庸之道为其深厚的哲学基础与思想源泉，以深刻反思工业化沉痛教训为现实动因，以促进和实现人与自然的和谐共生为基本要义，努力要求推动形成人与自然和谐发展现代化建设新格局。新时代生态文明从语境到文明意识，从理论与实践形态到中国特色社会主义建设"五位一体"总体布局，从不断解放和发展绿色社会生产力到建设美丽中国、实现中华民族永续发展，从深化生态文明体制改革到加快生态文明制度建设，从党的十七大到党的十八大，从党的十八大到党的十九大，一系列新思想、新理念、新实践、新体系，无不凸显出生态文明建设历史地位和战略地位的极端重要性。

中国梦与生态文明密不可分。中国梦昭示着生态文明建设的中华文明之根；中国梦承载着中华生态文明传统断裂的历史伤痛和时代阵痛；中国梦开启生态文明建设的新范式。积极投身生态文明建设，必将促成中华民族的绿色复兴，必将促成全世界可持续发展的新潮流，必将促成"我们这个世纪面临的大变革，即人类同自然的和解以及人类本身的和解"。

一、中国梦具有深厚的历史渊源和广泛的现实基础

中国梦是在对中华民族五千多年悠久文明的传承中走出来的，具有深厚的历史渊源。英国学者马丁·雅克曾著述指出，中国的国家意识以及中国人的公民意识，并非觉醒于最近几百年，并非同西方国家一样觉醒于民族国家时期，而是觉醒于文明国家时期。比如，祖先祭拜的习俗、独特的国家观念、儒家价值观等，这些思想和观念都源自文明国家时期。换句话说，中国是由其作为文明国家的文明意识所塑造的。万物有所生，而独知守其根，中国梦的根在于中华五千年文明，中国生态文明的根也在于这五千年的文明之中。

五千年中国传统文化的主流，是儒、释、道三家。在它们的共同作用下，中华

民族形成了自己独特的文化体系，那就是“中”“和”“容”，即中庸之中、和谐之和、包容之容。它们包含的崇尚自然的精神风骨、包罗万象的广阔胸怀，而成为中华生态文明立足于世界的坚实基础。天人合一既是中华传统文化的主体，又是中华生态文明的特质。老子说：“人法地，地法天，天法道，道法自然。”庄子说：“天地者，万物之父母也。”《易经》则强调三才之道，将天、地、人并立起来，天道曰阴阳，地道曰柔刚，人道曰仁义。相较于老庄天人观，儒家则介于二者之间，对自然和人为加以调和，其主张可谓中道。孔子说：“天何言哉？四时行焉，百物生焉。”《礼记》云：“诚者天之道也，诚之者，人之道也”，认为人只要发扬“诚”的德行，即可与天一致。汉儒董仲舒则明确提出：“天人之际，合而为一。”这既成为两千年来儒家思想的一个重要命题，又确立了中国哲学和中华传统的主流精神，显示出中国人特有的宇宙观和中国人独特的价值追求与思考问题、处理问题的特有方法，这或可谓之“中国性”。

在儒家那里，天人合一主要有两个向度：其一，由个体而达成的与天合一，它是指每一个生命个体都可以通过自身德行修养、践履而上契天道，进而实现“上下与天地合流”或“与天地合其德”的天人合一；其二，天人合一是指人类群体与自然界和谐共处，天是人类生命的根源和归宿，人要顺天、应天、法天、效天、最终参天。这是生态文明的中华智慧。党的十八大要求建设美丽中国，树立尊重自然、顺应自然、保护自然的生态文明理念，将生态文明的基本内涵始终以中华民族深厚的文化积淀和历史智慧为底蕴，给人以希望、信心和力量。

需要特别指出，天人合一是中国哲学的基本精神，也是中国哲学异于西方的最显著的特征。对此，冯友兰指出，西方人本质上是宗教的，中国人本质上是哲学的。西方文明传统是人类中心主义，人类中心主义在人与自然的价值关系中，认为只有拥有意识的人类才是主体，自然是客体。价值评价的尺度必须始终掌握在人类的手中，任何时候说到“价值”都是指“对于人的意义”，人类可以为满足自己的任何需要而毁坏或灭绝任何自然存在物。《圣经》中说：“凡地上的走兽和空中的飞鸟，都必惊恐、惧怕你们；连地上一切的昆虫并海里一切的鱼，都交付你们的手。”“凡活着的动物，都可以做你们的食物，这一切我都赐给你们，如同菜蔬一样。”这里找不到中华文化那种“赞天地之化育”“与天地参”“天地与我并生，而万物与我为一”的天人合一境界的半点影子。中国梦强调对中华民族五千多年悠久文明的历史传承，这种理念终将促使当代中国和世界生态文明建设向中华传统生态文明思想的复归，并使我们能够率先反思并超越自文艺复兴以来就主导人类的工业文明，成为生态文明的引领者。

二、中国梦凸显中国生态文明建设的曲折性和复杂性

中国梦是在对近代以来170多年中华民族发展历程中的深刻总结出来的，既记录着中华民族从饱受屈辱到赢得独立解放的非凡历史，又承载着基于中国生态文明传统断裂而形成的历史伤痛和时代阵痛。自1840年爆发鸦片战争中国逐步沦为半殖民地半封建社会始至1949年，整整109年，中华民族才迈出了赢得民族独立、人民解放的第一步。而这109年的历史，战争与战乱所形成的对祖国山河、土壤、林木、水源，以及居住环境的生态灾难，特别是因日本侵华战争实施野蛮的“三光”政策，加之施放毒气和细菌战而形成的生态灾难，持续时间之长、规模之大、破坏之巨，在世界范围内都是罕见的。新中国成立后，面对国内经济的满目疮痍、一穷二白和西方列强的政治孤立、经济封锁，急于扭转乾坤的新中国领导人和勤劳朴实的中国人民，忽视科学、忽视客观自然规律和经济规律，“大跃进”时期大炼钢铁，对森林、矿山和生态环境的破坏，也是灾难性的。自改革开放至今，尽管我国环境保护工作取得积极进展，生态文明建设上升为国家战略，但从总体来看，我国经济增长方式还是过于粗放，能源资源消耗还是过快，资源支撑不住，环境容纳不下，社会承受不起，发展难以持续。发达国家上百年工业化过程中分阶段出现的环境问题，在我国已经集中出现。长期积累的环境矛盾尚未解决，新的环境问题又陆续出现。主要污染物排放超过环境承载力，水、大气、土壤的污染相当严重，环境污染源日趋复杂。

从近代以来170多年中华民族发展历程中深刻总结出来的中国梦，揭示了一个基本事实，即当代中国的生态文明建设是在中华生态文明传统断裂的历史背景下负重传承。由中国梦所揭示出的这种当代中国建设生态文明历史基因的复杂性和极其特殊性，使世界上没有一个国家的成功经验可以完全帮助中国解决当前的生态环境压力和所面临的严峻挑战。如何应对这种压力和挑战？理性地回应挑战，负责任地履行我们的使命。我们逐步认识到，西方工业文明的优势是规模化生产使人类商品迅速丰富，缺陷是对地球资源的消耗与污染急剧加速，而前者正是通常被人们忽视、却被西方国家主导了近200年的所谓文明优势；后者却是由中国梦所承载的伤痛所导致的中国人对自身探索模式的自信缺失，同样也缺失对工业文明弊端充分批判的人

文底气。其结果，如生态文明，在党的十七大要求树立生态文明意识后的相当一段时期内，我们缺乏对中国理直气壮建设生态文明正当性的论说，更不要说获得国际社会的应有认同。我们甚至一度逻辑错误地将生态文明归结为西方文明的成果，以中国的雾霾，以偏概全，全然否定生态文明建设的中国主张。这就存在很大的问题了。美国的汉学家白鲁恂（Lucian Pye）曾评论指出："中国不仅仅是一个民族国家，她更是一个有着民族国家身份的文明国家。中国现代史可以描述为是中国人和外国人把一种文明强行挤压进现代民族国家专制、强迫性框架之中的过程，这种机制性的创造源于西方世界自身文明的裂变。"西方工业文明的200年，在人类文明发展的历史长河中，只是一个小小的阶段。恰如美国的政治理论学者马歇尔·伯曼所言："成为现代的就是发现我们自己身处这样的境况中，它允诺我们自己和这个世界去经历冒险、强大、欢乐、成长和变化，但同时又可能摧毁我们所拥有和所知道的一切。它把我们卷入这样一个巨大的旋涡之中，那是有永恒的分裂和革新、抗争和矛盾、含混和痛楚。"《共产党宣言》则描述了整个西方文化和道德的溃散："一切等级的和固定的东西都烟消云散了，一切神圣的东西都被亵渎了。"探寻近代170多年中国梦所饱含的中华民族从饱受屈辱到赢得独立解放的非凡历史，理解中国梦所承载的基于中国生态文明传统历史断裂而形成的时代阵痛，要求我们淡定而理性地看待中国生态文明建设的曲折性、复杂性和艰难性。中国的环境保护和生态文明建设，固然离历史性的转折还有很大的差距，但也断然不必妄自菲薄。相反，我们需要对中华传统能够重塑和重构当代中国和世界的生态文明，并给予必要的历史敬重和时代自信。

三、中国梦开启生态文明建设的新范式

中国梦是在改革开放40多年的伟大实践中走出来的，是在中华人民共和国成立70多年的持续探索中走出来的，具有广泛的现实基础。中国梦的本质内涵是实现国家富强、民族复兴、人民幸福和社会和谐。美国《侨报》曾评论指出："新中国诞生的最大推动力是当时拥有全世界人口四分之一、百余年来饱受列强欺凌、曾创造人类辉煌文明的民族要独立富强的内在要求，中共成功运用了适合中国的方式将之变为现实。"当代中国，国民经济综合实力实现由弱到强、由小到大的历史性巨变，综合国力明显增强，国际地位和影响力显著提高；人民生活实现由贫困到总体小康的历史性跨越，正在向全面小康目标迈进；科技、文化、卫生、体育、环保等社会事

业发生了根本性变化，经济与社会发展的协调性不断增强。现在，我们比历史上任何时期都更接近中华民族伟大复兴的目标，比历史上任何时期都更有信心、有能力实现这个目标。梦在前方，路在脚下。空谈误国，实干兴邦。遵循实现中华民族伟大复兴中国梦所提供的理论范式，我们同样能够及时准确地把握中国梦所开启的建设生态文明的新范式，形成建设生态文明、实现中国梦的兼容合力、共同支点和行动指南。

（一）建设生态文明、实现中国梦，必须弘扬中华文明

在人类历史上，中华文明对人类文明做出了巨大的历史性贡献。建设生态文明，首先在于使人类的思维方式从机械论分析性思维走向生态整体性思维，发展系统性、综合性、非线性、混沌性和开放性系统。这既是建设生态文明的时代共识，也是中国传统文化的优势。因提出耗散结构（Dissipative Structure）而获得诺贝尔化学奖的比利时科学家普利高津（I.Prigogine）先后于1979年、1986年先后两次评价了中国传统文化整体性思维。他说，“我们正向新的综合前进，向新的自然主义前进。这个新的自然主义将把西方传统连同它对实验的强调和定量的表述，同以自发的自组织世界的观点为中心的中国传统结合起来”，“中国文化具有一种远非消极的整体和谐。这种整体和谐是各种对抗过程间的复杂平衡造成的”。“协同学”（syneraetics）的创立者、美国富兰克林研究院迈克尔逊奖获得者、德国物理学家哈肯（H.Haken）说，“我认为协同学和中国古代思想在整体性观念上有很深的联系”。进入21世纪，中华民族在建设生态文明中，重新获得复兴和崛起、实现中国梦的强大动力和生机，这是一个宝贵的战略机遇。中华文明的伟大智慧和强大生机，有能力从传统生态文明走向超越工业文明的现代生态文明。

（二）建设生态文明、实现中国梦，必须走中国特色社会主义道路

在当代世界，只有社会主义才是建设生态文明的社会制度基石。在中国共产党的领导下，中国特色社会主义建设实际上已经走向生态文明发展的道路。党带领人民在建设生态文明的实践中，发展低碳经济和循环经济，加强节能减排，建设资源节约型、环境友好型社会；努力推进经济、政治、文化、社会等领域各项改革成果的制度化，努力促成一整套同建设社会主义市场经济、社会主义民主政治、社会主义先进文化、社会主义和谐社会相适应的生态文明建设的机制与制度。高举中国特色社会主义伟大旗帜，走中国人自己的道路，创造新的社会发展模式，生态文明的

美好未来是可以期待的。

（三）建设生态文明，实现中国梦必须凝聚全民力量

中国梦是民族的梦，也是每个中国人的梦，中国人民从来没有如此迫切地对生态文明建设充满憧憬。喝上干净的水，呼吸上清洁的空气，吃上放心的食物，既是老百姓心中最朴素的心愿，又是最现实的生态梦想。人们的生活方式决定着人们的存在状况，也决定着人与自然的关系。生态文明是人的全面发展的条件和基础，而人的发展状况则又影响着生态文明的状况。孟子说："尽其心者，知其性也。知其性，则知天矣。存其心，养其性，所以事天也。"有梦想、有机会、有奋斗，一切美好的东西都能够创造出来的。每一个生命个体都可以通过自身德行修养、践履而上契天道，实现"上下与天地合流"的天人合一。我们必须以全民的智慧和行动，使祖国的天更蓝、地更绿、水更清、空气更洁净、人与自然的关系更和谐。

中国梦，生态文明梦，美丽中国梦……任何一个能够引领民族发展进步的梦想都是美好的，它是有根的梦，它是现实的梦，它是未来的梦！建设生态文明，实现中华民族伟大复兴的中国梦，必须从中华文明五千多年的历史传承中"接着讲"；必须从在改革开放40多年的伟大实践和中华人民共和国成立70多年的持续探索中走出来的中国经验中"照着讲"；必须从如何实现中华民族伟大复兴的行动战略中"想着讲"。为天地立心，为生民立命，为往圣继绝学，为万世开太平，这就是建设生态文明、实现中华民族伟大复兴的美丽中国梦。

第二章 新时代生态文明思想的理论渊源

第一节　中国传统文化中的生态思想

中华民族传统文化光辉灿烂，其中蕴含着丰富的生态文明思想。儒、道、佛三家是中国传统文化的主体，它们从不同的侧面发挥着天人和谐的社会功能，不但有各自的生态文明理论，也有保护生态环境的实践活动。这些思想和实践不仅为中华文明的延续提供了道德基础，其中固有的生态和谐观，也为实现生态文明提供了坚实的哲学基础、思想源泉和重要参考。

一、我国传统生态思想

（一）儒家的生态思想：天人合一、仁民爱物

“天人合一”思想是我国传统生态思想的核心和精髓。“天人合一”是“天人合德”“天人相交”“天人感应”等众多表现形式的统称，是人与自然之间和谐相处的终极价值目标。孔子“天人合一”思想的实现，依靠的是“中”的法则的指导，自然与人在“中”之法则的指导下发生联系，趋向统一。孟子的“天人合一”思想的精髓是“尽心、知性、知天”和“存心、养性、事天”的“天人合一”。“尽其心

者，知其性也。知其性，则知天矣。存其心，养其性，所以事天也。”董仲舒的“天人合一”思想则明显地带有了政治需要的痕迹，是“人格之天”或“意志之天”。“人副天数”“天亦有喜怒之气，哀乐之心，与人相副。此类合之，天人一也。”宋明时期程明认为“天人本不二，不必言合”；朱熹认为“天道无外，此心之理亦无外”；陆象山：“宇宙即吾心，吾心即宇宙。”在这里，人就是天、天就是人，人与天达到了同心同理的“天人合一”的境界。“天人合一”的“天”可以分为“主宰之天”“自然之天”和“义理之天”。“主宰之天”与人们观念中的“神”“上帝”相一致。董仲舒的“天人感应”之“天”含有“主宰之天”之意。“自然之天”是“油然作云，沛然作雨”的天，是“四时行焉，万物生焉”的天。“义理之天”是具有普遍性道德法则的天。“睢王其疾敬德，王其德之用，祈天永命。”君主应该崇尚德政，以道德标准来判断是非，才是顺天应命，才能够得到“天”的护佑。宋明时期的“理学之天”实际上是对孔孟“义理之天”的进一步发挥，所以，“理学之天”基本上就是“义理之天”。在上述关于“天”的三种解释中，“义理之天”占据了主要位置，它为人们的生产生活提供各种伦理道德规范，是文化世界的一部分。“主宰之天”和“自然之天”也为人们提供适应社会生活的各种伦理价值，即人的社会政治活动受制于自然法则，自然法则含有社会伦理学的因子。“天人合德”是儒家天人合一思想的第一种重要形式。儒家认为，动植物是人类的生存之本，而这些动植物资源又是有限的。荀子肯定了自然资源是人类赖以生存和发展的物质基础：“夫天地之生万物也，固有余足以食人矣；麻葛茧丝鸟兽之羽毛齿革也，固有余足以衣人矣。”“故天之所覆，地之所载，莫不尽其美，致其用，上以饰贤良，下以养百姓而安乐之。”对大自然不能够采取杀鸡取卵、竭泽而渔的态度，一旦这些资源枯竭，人类也会自取灭亡。自然资源的有限性和人类需求的无限性构成了对立统一的矛盾体，应减少其矛盾的一面，增强其一致性的一面，使其在相互影响中共同发展。

儒家有强烈的“爱物”的生态意识，认为对自然资源的开采、使用讲求时节和限度，要求尊重自然规律。孟子进一步阐发了孔子的“仁爱”思想，提出了“君子之于物也，爱之而弗仁；于民也，仁之而弗亲。亲亲而仁民，仁民而爱物”。孟子认为，道德系统是由生态道德和人际道德组成的，即爱物与仁民，是一个依序而上升的道德等级关系。何谓“义”（道德）？“夫义者，内节于人而外节于万物也。”把外节于万物的生态道德和内节于人的人际道德看成一个统一体的两个不同方面，并且把它们的关系定位于道德的外与内的关系，说明儒家不仅重视人际道德，而且还提出了德与物之间不可分割的联系。因而，将“义”运用到人际关系上表明的是对人与人之间产生的行为关系的规范和评价，这是人际道德固属于内；而将“义”

运用到人与自然的关系上表明的是对人与自然之间产生的行为关系的规范和评价，这是生态道德固属于外。《易传》中“君子以厚德载物”的思想启发人们应该效法大地，把仁爱精神推广到大自然中，以宽厚仁慈之德包容、爱护宇宙万物，践行“与天地合其德”与“四时合其序”的价值观。孔子主张“钓而不纲，弋不射宿”，反对使用灭绝动物的工具，提倡动物的永续利用，含有“取物不尽物”的生态道德思想。

荀子同孔子、孟子一样，讲求对“时”的遵守与尊重，主张可持续使用自然资源。“春耕夏耘秋收冬藏，四者不失时，故五谷不绝，而百姓有余食也……斩伐养长，不失其时，故山林不童，而百姓有余材也。”同时还提出了关于环境管理的“王者之法”“山林泽梁以时禁发而不税”的思想。“以时禁发”，就是根据季节的演替来管理资源的开发和利用。荀子注重从政治制度上管理自然资源，只要有专门的环境保护的机构和官吏，王者之治和王者之法才能够有可靠的保证。只要环保机构和主管人员认真贯彻执行自然保护条例，才能够达到“万物皆得其宜，六畜皆得其长，群生皆得其命”的天人和谐的理想境界。

（二）道家的生态思想：自然无为、天地父母

道家的生态观，在我国传统的生态思想体系中占据重要的地位。“自然无为”是道家生态观的要义。它要求人们以“自然无为”的方式与自然界进行交流，以实现顺应天地的自然而然的状态。“人法地，地法天，天法道，道法自然。”“道恒无为而无不为。”“道”把“自然”和“无为”作为它的本性，既有本体论特征，也有方法论意义。这里的“自然”，既是“人”之外的自然界，也是“人”生命意义的价值所在。而“道”是人性的根本和依据，决定了人性本善的归宿，是人自然而然的存在，体现出老庄哲学中深刻的人文价值关怀。这里的“无为”，既是对根源于“道”的自然本体属性的认识，也是对人的内在的自然本体属性的认识。“无为”思想体现出了老庄思想的矛盾性，矛盾的统一性表现在个体的自然本性与“道”的本质属性的同一性，矛盾的对立性表现在个体的社会属性与“道”的对立性，即人的“有为”与“道”的“无为”的对立。既然“无为”是“道”的本质属性和存在方式，那么“无为”也是自然界的本质属性和存在方式，这里的自然界包括了人类在内。人类要想“复归其根”，与“道”合二为一，而“自然无为”是根本的途径。“道”对天地万物是无所谓爱恨情仇的，植物的春生夏长、动物的弱肉强食、气候的冷暖交替等都是自然现象。道家的“无为”并不是什么都不干，躺在床上等死的颓废，而是一种“无为即大为”的境界，是一种更高层次的“为”。道家的“有为”则是指

无视自然本性的“妄为”。“妄为”远离了人的自然本性，靠近了人的功利和狭隘，不可避免地导致人本性的异化，诞生大量的虚伪与丑恶。单纯地从保护生态环境的角度来论证“道法自然”的思想是朴素的、有限的，但它所蕴含的人与自然和谐共生的积极理念是现代工业文明需要借鉴与发展的。

道家有“天父地母”的说法，“一生天地，然后天下有始，故以为天下母。既得天地为天下母，乃知万物皆为子也。既知其子，而复守其母，则子全矣”，并且“地者，乃大道之子孙也。人物者，大道之苗裔也”。道家借用父母与子女的关系来比喻道与天地、万物的关系，同时把天地这个大自然系统看成有生命活力的有机整体，并且表现出人格意志的思想特征，其中包含着明显的生态伦理意蕴。天地万物和人之间的关系如同家长和子女的关系，人作为子女理应承担起照顾好作为父母的天地自然，承担起作为家庭成员应有的伦理责任。天地生养万物，是人类衣食之源、生存之本，按照此理推论，人类对天地应该始终抱有感恩之心。但是残酷的社会现实告诉我们，有些人正反其道而行之，他们深穿凿地，大兴土木，破坏天地的自然面貌，深挖黄泉之水。“凡人为地无知，独不疾痛而上感天，而人不得知之，故父灾变复起，母复怒，不养万物。父母俱怒，其子安得无灾乎？”利奥波德在《沙乡年鉴》中对大地的看法：“至少把土壤、高山、河流、大气圈等地球的各个组成部分，看成地球的各个器官，器官的零部件或动作协调的器官调整，其中的每一部分都具有确定的功能。”生态女权主义者卡罗琳·麦茜特认为：“地球作为一个活的有机体，作为养育者母亲的形象，对人类行为具有一种文化强制作用。即使由于商业开采活动的需要，一个人也不愿意戕害自己的母亲，侵入她的体内挖掘黄金，将她的身体肢解得残缺不全。只需将地球看成有生命的、有感觉的，对她进行毁灭性的破坏行动就应该视为对人类道德行为规范的一种违反。”道家对人们不加节制地开采地下水，破坏自然的现象表示了担忧，“天下有几何哉？或一家有数井也。今但以小井计之，十井长三丈，千井三百丈，万井三千丈，十万井三万丈。……穿地皆下得水，水乃地之血脉也。今穿子身，得其血脉，宁疾不邪？今是一亿井者，广从凡几何里？”在传统的农耕社会里，上述行为产生的危害是区域性的，不具有整体性。但在现代社会中，随着生产规模的扩大和生产技术的发达，开矿、排污等行为会对地下水循环产生影响。

（三）佛教的生态思想：无情有性、珍爱生命

研究佛教生态思想对当前生态文明建设具有重要的理论意义和实践意义。佛教所阐发的佛教生命观，蕴含着丰富的生态思想，包含着丰富和深刻的生命伦理，有

着独特的生态观。

“无情有性”是佛教教义的重要方面，也是佛教自然观的基本体现。“无情有性”是指山川草木、石块瓦砾、亭台楼阁等无情物也有佛性，即“草木成佛”论。大乘佛教认为一切法都是佛性的体现，万事万物都有佛性，既包括有“情”的飞禽走兽，也包括无“情”的花草树木、砖头瓦块等。天台宗的湛然（711—782年）提出了“无情有性”说，“众生佛性犹如虚空，非内非外。若内外者，云何得名一切处有？”也就是说，就算没有情感的物品，也具备了佛性。禅宗认为，“郁郁黄花，无非般若，清清翠竹，皆是法身。一花一世界，一叶一菩提”，自然界的万事万物都是佛性的体现，有其之所以为此物的独特价值。人与自然之间没有明显的界线，生命主体与自然环境是不可分割的一个有机整体。

佛教思想中，现象界的一切事物都不是孤立存在的，而是由种种条件和合而成的。一切事物之间都是互为条件、互相依存的。整个世界就处于事物之间的重重关系网络当中，作为一个不可分割的整体而存在。其中，人与自然，如同一束芦苇，相互依持，方可耸立。因而人在与自然相处时，应放弃自己盲目的优越感，给予其应有的尊重。佛教关于人与自然关系的思想，对我们当今所进行的生态文明建设的意义的重要性在于：它可以提供一个精神基础，在此基础上，当今人们所面临的紧迫问题之一——环境的毁坏，不仅让人克服与自然的疏离，而且让人与自然和谐相处又不失却其个性。可以看出，佛教关于人和自然界万物之间的关系的理解和诠释主要体现在两个方面：第一，万物都有佛性，都有其存在的作用和意义，自然界客观存在的事物都是世界不可缺少的一个组成部分；第二，尊重生命，强调万物平等，人类作为万物之长应该尊重其他生命，不能随意伤害其他具有生命的客观存在，认为“诸罪之中，杀罪最重，诸功德中，不杀尤要”。佛教作为人类古代智慧的重要体现，它在某种程度上扮演着哲学科学的角色，代表了普世的价值观生存观念，其内含的精华，体现出极其重要的生态价值，对生态思想的确立具有重要的参考意义。

从佛教思想来看，虽然佛教所倡导的万物平等的信仰不阻止人类对自然的破坏，但我们不能否认其所倡导的平等的道德观念和思想价值对生态文明建设的意义。

二、传统生态思想对我国生态文明建设的启示

面对工业文明在全球的快速推进，人类若不及时制止破坏环境的行为，目前的工业文明必将危及整个人类文明，因此及早确立全球生态文明观、摆脱人类的困境

具有伦理意义。

（一）保持人与自然的和谐

人与自然和谐相处是人类生存和繁衍的前提，如果二者之间的平衡遭到破坏，就会引起一系列的问题。自然界为人类的生存提供了资源，为人类的发展提供了机会，人与自然是相互联系、相互促进的，人类对自然的破坏，最终损害的是人类自身的利益。生态危机由来已久，并且随着生产力的不断提高逐渐加剧。早在农耕文明时期，大规模的生态问题就已经导致国家的衰落和文明的灭绝，但这时的生态危机在地域上比较狭小。因此，虽然很多伟大的古代学者提出了生态平衡的观念，但一直得不到人们的重视。工业文明以来，人类的生产能力突飞猛进，对自然界的影响也越来越大，区域性甚至全球性的生态问题开始浮现，至此人们才开始郑重审视生产力发展与生态保护的关系，并提出了建立和谐的“自然—人—经济”复合系统，从而促进经济和社会的可持续发展。

（二）保持合理的生产关系

人类的生产关系作为社会制度的一个重要组成部分，与人们的思想观念和生活方式有着极为密切的联系。不科学的生产关系会对人类的发展造成不利的影响，这种不利不仅体现在人类自身的发展上，也体现在人类与周围环境的相处上。我们知道人类对自然的改造主要体现在对自然资源和客观生态要素的开发和利用之上，由于不合理的生产关系不能合理地调整人与自然、人与生态、人与社会以及人与人之间的关系，就会对自然环境和人类自身的发展带来一定的限制。因此，人类想要改变现状，实现可持续发展，应该从生产关系入手，重新定义人与环境、人与人之间的关系，合理地分配与开发自然资源，发展生态生产力，塑造更符合人类长远发展需求的生产关系和社会环境。

（三）保持自然界生物的生态平衡

自然界有很多物种，无论是植物、动物还是微生物，都与周围的环境紧密相关，并在自然界的生态循环中扮演着自己独特的角色。自然界的生物之间在漫长的发展和进化过程中，已经形成了一种动态的平衡，这种平衡无论是对自然界的发展还是对人类的发展都具有重要的意义。一旦由于某种外力打破，自然环境中的生态要素平衡就会造成连锁反应，引起一系列的恶性后果，甚至会对人类的生存和繁衍产生重大的影响。

（四）合理、有限度地生产人工自然物

人工自然物是人类通过已经掌握的生产技术和生产工具，从自然界获取原材料，制造的各种具有某种功能的非自然存在的物品。工业文明改变了人类对世界的认识，将人类文明推向了一个新的发展高度，如何互利共赢的对待技术生产与自然环境保护之间的关系，是工业文明时代人类面临的最直接的问题。如果人类不能对自己掌握的技术加以利用，一味地从自然界索取自身所需，不对自然环境进行保护，那么最终这些技术将会成为使人类走向灭亡的加速器。

第二节　马克思主义的生态文明思想

马克思和恩格斯是马克思主义思想体系的创始人和奠基人，他们以整个人类社会的历史、整个自然界、人类社会和人类思维的发展规律及其过程为考察对象，在其庞大的思想体系中，包含了丰富的生态文明理论。这些理论零散地存在于他们的经济、社会、政治、哲学等理论体系中，内容涉及人与自然辩证关系的思想，人类与自然界和谐发展的观点，以及正确处理人与自然关系的理论。这些理论不仅是对资本主义进行历史性考察和理论批判的世界观基础和方法论前提，也是对当代人类解决环境问题和生态危机有重要的指导意义，是我们构建新时代生态文明社会的理论基础和指导思想。

一、马克思主义生态思想的基本内涵

（一）客观认识和看待自然界

马克思和恩格斯是唯物主义者，他们能够客观认识和看待自然界，既不把自然界作为信仰盲目崇拜，同时又对自然界怀有敬畏之心。马克思和恩格斯通过批判所谓“真正的社会主义”来表明他们对自然崇拜、自然神秘化的态度。“真正的社会主义”又称“德国的社会主义”，这是19世纪中期流行在德国高层知识分子中的一种具有普遍性的社会思潮。当时，德国在欧洲国家中处于比较落后的地位，德国资产阶级与封建阶级的斗争刚刚开始，德国的资产阶级由于害怕在反对封建主义的过程中，社会主义思想发展壮大，因此试图通过保存小生产者的地位来联合无产阶级，

也是在这一契机的影响下，一些先进的社会主义学者和小生产者利益的代表将法国的社会主义思想，同黑格尔和费尔巴哈的异化、人类的本质、真正的人等范畴结合起来，形成了这种思潮。

马克思和恩格斯指出，在自然界中“人”除了看见鲜花绿草、流水潺潺，还会看见许多其他的东西。如植物和动物之间的残酷竞争，“高大的、骄傲的橡树林”夺去了小灌木林的生活资料等等。所以，自然界绝不是“真正的社会主义者”想象中童话的乐园，那里面充满了残酷的斗争。自然界是个适者生存、弱肉强食的世界，每天都在发生血淋淋的生存斗争。人类社会不能以自然界为榜样，否则只会把自然中的“丛林法则”引入人类社会。

自然神秘化的错误就在于，“把某些思想强加入自然界中，它想在人类社会中看到这些思想的实现”。他们把想象中美好的图景加入自然界中，再把这种想象中的世界当作人类社会的教材，鼓吹人类社会向自然界学习，于是也就否认了人对自然界的劳动改造。因此，自然崇拜、自然神秘化主张人类完全服从自然，它对人类最大的危害就是否定了人的主体性和创造性，完全忽视了人类劳动的价值，对人类文明的进步是一个巨大的阻碍。

（二）在改造自然的过程中要注重保护自然

1. 人改造并创造环境

人类和自然界的关系是受动性和能动性的统一。人具有改变自然界的能力，人不仅能够改变环境，还能够创造环境。人和动物的本质有很大的差别，人是社会的人，人类是社会劳动和社会实践造就的生物，如果失去劳动和实践，人类将和其他的动物一样沦为普通的生物。而动物只能被动地适应自然，人类虽然在某些条件下也必须被动地适应环境，但是在主观能动性的影响下，人类最终能通过自己的努力对自然环境进行改造，使其更加适应自身的发展。

2. 人对自然的改造要有所为、有所不为

自然是人类生存和发展的基础，是人类实践活动的对象。人是自然性和社会性的统一。其自然性决定了人必须持续地对自然进行改造活动。改造自然的活动是人创造历史的基本条件。因此，人的“第一个历史活动”就是生产满足这些需要的物质资料之后，人才能从事政治、宗教等社会活动，才能从事哲学研究、科学研究等精神活动，进而创造理论体系。所以，社会物质活动是社会精神活动的基础，离开社会物质活动，社会精神活动就停止了，人类的历史也就停止了，人类也将像自然

进化史上无数消失的生物物种一样消失了。

人对自然改造的“有所为”主要体现在：通过改造自然来获取物质资料，这一方面的活动一天也不能停止。然而，随着人类改造自然的能力越来越强、人所使用的手段和工具越来越强大。随着科学技术的日益进步，人的活动给自然界带来的负面影响愈加显现出来。环境问题已经直接影响到当代人的生存，更加威胁到后代人的生存和发展。这就要求人对自然的改造还要“有所不为”，即人必须减少自身行为的盲目性，增强计划性、目的性，这样才能更加合理地进行人与自然的物质变换，进而保护自然环境，这一方面的活动使人成为真正意义上的“人”。

二、马克思主义生态思想的科学性分析

马克思主义生态学第一次把自然作为哲学的核心问题纳入马克思主义哲学的系统之中。人类社会和自然关系是他们共同思考的核心问题。尽管马克思主义生态学思想家们的知识背景、立场、角度和自然观理论的具体内容各不相同，但是他们在建构马克思主义的生态学自然观上仍有一些共同特征。

（一）将“以人为尺度”和“以自然为尺度”相结合

人类实践应该遵循社会与自然两种尺度统一的观点，这一观点最早是由马克思发现的。他指出，动物只是按照它所属的那个种的尺度和需要来构造，而人懂得按照任何一个种的尺度来进行生产，并且懂得处处都把内在的尺度运用于对象，因此人也按照美的规律来构造。人按照“种的尺度”进行生产，是指人按照世界上各种存在物的固有属性、本质和运动规律所设定的尺度，即“物的尺度”进行生产。这种“物”既包括狭义的自然界，也包括人工的自然界和存在于人类社会中的各种社会关系。人把自己“内在的尺度运用于对象”，则是指人按照内在的需要、欲望、目的和人的本质力量的性质所设定的尺度，即“人的尺度”，去进行生产和改造自然物。马克思在这里明确地指出了“物的尺度”与“人的尺度”的内在统一性。这也要求我们既要克服客体的局限，不要在必然性中遗忘主体，又要防止主体的膨胀，任意支配自然，超越自然的必然性，使自然失去平衡。

一个世纪以来，随着人类对自然界的影响力不但增大，人类的主体性得到了体现，物质生活得到了极大的丰富，但是随之而来的各种问题也层出不穷，如生态危机、能源逐渐枯竭等。面对严峻的发展形势，人们开始思考问题产生的根源。有些人认为人类目前的困境是由于人的主体性过度发挥以及人类太过强调以

自己为中心造成的。因此有人对人的主体性提出了质疑，他们主张将人看作自然界普通的一部分，用衡量其他事物的标准来衡量人类，但理想状态是回到以自然界为主导的发展中。

马克思主义生态文明思想最明显的特征就是重新回归了唯物主义两种尺度统一的判别标准，提出了一种以人类为发展核心，通过对生产关系的变革以及对生产力发展的合理规划实现人与自然的和谐统一，二者实现共同发展。格仑德曼和佩珀都认为，人类对生态危机和检讨自身中的不同态度，说明人们不应该放弃“人类尺度”，因为文明的进步，必须依靠人类的不懈努力才能实现。在现代文明的发展中，也只有充分重视人的主体性，并将自然环境与人类发展的关系和谐处理，才能将人类和自然的利益统一起来，才能实现人类社会和自然界的长远发展。马克思主义生态学思想家们认为，现实只有在以人为中心的发展体系中才有意义，如果以自然界为主导，人类根本无力对抗自然；而马克思主义生态发展观主张利用人类的智慧来保护自然界，促进二者的和谐发展，解决人类发展危机。“以人为尺度”和“以自然为尺度”的自然价值观结合起来，从而超越主客二分的狭隘界限和僵化模式，进而摆脱单方面考察所固有的历史局限。

（二）重构唯物主义自然观和唯物主义历史观

马克思主义生态学中另一个重要的共同特征是主张重构马克思的自然与历史的唯物主义方法。马克思主义生态学的思想家们一致认为，马克思深刻的生态学认识来自一种系统的与科学革命紧密相关的对唯物主义的自然概念和唯物主义历史概念的发展。

福斯特对马克思的唯物主义理论以及人类社会和自然之间的辩证关系提供了最新的认识，并详细地阐述了如何重新建构马克思的唯物主义的问题。福斯特认为，人类与自然间的新陈代谢或称物质交换关系是贯穿整个马克思学说的根本观点，这是理解马克思学说的关键，或者说认识到马克思不仅是作为一个历史唯物主义者，也是作为一个辩证唯物主义和实践唯物主义者观点的关键所在。马克思关于自然和新陈代谢的观点，为解决生态学的诸多问题提供了一个唯物主义和社会历史学的角度。福斯特用翔实的历史分析重新恢复了被扭曲的马克思的唯物主义与自然观。

奥康纳则主张对马克思主义在人类与自然界的相互作用问题上的辩证的和唯物主义的思考方法做出重新阐释。奥康纳提出要建构一种有别于传统历史唯物主义的马克思主义生态学的历史观，这种历史观致力于探寻一种能将正确理解的“自然”

以及在这一基础上的“文化”主题与传统马克思主义的劳动或物质生产的范畴融合在一起的方法论模式。奥康纳提出了自然与文化的生产力和生产关系等概念，重新阐释了马克思主义自然与历史的唯物主义概念，建立了马克思主义生态学的唯物主义方法与历史唯物主义体系。马克思主义生态学的建构虽然还存在着缺陷，但是他们的理论建构使历史唯物主义的理论结构和内容，在当代生态学视域内得到了丰富和更新。

（三）秉承人与自然关系的新范式

“范式”概念是由库恩提出的，主要指“科学共同体”共有的概念框架，它包含“科学共同体”的信念哲学观点、公认的科学成就、方法论准则、规定、习惯，乃至教科书或经典著作、实验仪器等。

按照这种理解，我们把人类的自然观念称之为对人与自然关系的解读的不同“范式”，这种范式随着时代的发展在内容上发生过多次重大的变化，即自然观的转向。

一般认为，人类解读人与自然关系的这种范式大致经历过自然宗教自然观、有机论自然观、机械论自然观和生态自然观等几种变化形式。而马克思主义生态学的自然观属于生态自然观发展阶段，是当代人类解读人与自然关系的新范式。马克思主义生态学思想家们都认为这种新自然观是在批判传统自然观包括传统的马克思主义机械自然观的基础上建构起来的。在面对20世纪人类社会所面临的人与自然之间的尖锐矛盾——环境污染、生态危机等全球问题空前凸显的现实状况时，他们一致认为，传统自然观包括传统的马克思主义机械自然观仍然存在着局限。

马克思主义生态学思想家们认为，在对待自然的问题上，片面的人类中心主义和非人类中心主义的观点都不能正确解读人与自然的当代关系。他们主张，在当代，人类应该坚持一种新的自然观，这种新的自然观就是综合了生态学与马克思主义的生态自然观。这是对传统自然观的根本的内在超越，马克思主义生态思想的最终目的是将人类的理性与自然的承受能力统一起来，找到一个合适的方式帮助它们达成某种平衡，从而促进二者的和谐发展。马克思主义生态思想的主张和理念为科学家和哲学家们探求人类的科学发展提供了思路。

马克思主义生态学思想家们立足于对人和自然界关系的探讨，并根据人类的发展状况和生态环境的客观实际，提出了一种新型的发展思路，为人类社会的持续发展做出了指引。

（四）将社会革命与绿色生态革命相结合

马克思主义生态学从生态危机引发的“生态革命”中寻找马克思主义新的发展，试图把生态学与马克思主义相结合，给人们找到一条马克思主义的社会革命与绿色生态革命相契合的社会发展道路。

在西方社会，马克思主义生态学者都毫不避讳地称自己是马克思主义学说的认同者，他们都抱有共同的理念，就是通过马克思主义生态思想解决西方社会面临的发展与环境保护的问题，从而找到一条避免生态环境恶化、引发生态问题的新途径。他们对马克思主义的理解和应用都是以马克思主义基础理论为依据的，他们认为对生态问题的探讨是无论何种社会形态都会面临的一个问题，只要对人类的持续发展有利，马克思主义生态思想观念并不在于其的性质和归属如何，而在于其直面本质的批判精神和实用的方法论。

从社会发展的角度来说，马克思主义生态思想在西方社会的发展，是马克思主义理论的一种完善和进步，我们应该科学地看待这一问题，对西方国家在马克思主义生态文明理论上取得的成果，我们应该给予充分的尊重，并吸收适合我国社会制度和国情的理论，对我国的生态实践进行科学的指导。马克思主义生态哲学反映在自然观上，就是马克思主义生态学将马克思主义辩证唯物主义结合在一起，提出了一种独特的生态发展理论。佩珀认为，马克思主义主张的人类的主体性发挥与自然环境之间的辩证观点，在不同学者和生态理念认同者的心中可能会有不同的解读，马克思主义所一贯坚持的唯物的、历史的、发展的观念在更多的情况下适用于绿色发展战略之中。

自然是马克思主义生态学的核心概念。马克思主义生态学借助对马克思的有关社会和自然的思想的分析，结合20世纪的社会与自然界关系的现实状况，重新解释马克思的唯物主义、马克思的历史唯物主义或马克思主义自然观，建构马克思主义生态学的自然观或历史观，以此作为分析和批判20世纪的资本主义的世界观。马克思主义生态学思想家们将马克思主义理论、现代生态观念以及当前社会生态发展实践联系在一起，试图用马克思主义辩证唯物的观点来解释当前的生态困境，对资本主义环境观进行了否定，并提出了人与自然和谐发展的新思路。当然也有一些学者主张，想要从根本上解决西方社会生态环境恶化的问题，只有改变从资本主义制度建设生态社会主义才能从根本上解决问题。从这里我们也可以看出，马克思主义生态学没有脱离马克思主义的本质，此外它也是当代西方生态文明理念的一个重要组成部分。

第三节　当代西方主流生态文明思想

随着工业生产的发展，西方国家的生产力得到了空前的发展和繁荣，但是经济发展所付出的生态代价不可谓不大。当前西方国家发展生产特别重视生态环境的保护，也产生了很多优秀的生态环境思想，甚至吸收了社会主义生态思想的优秀成果，形成了独特的生态思想指导体系。

一、生态社会主义

（一）生态社会主义的内涵

生态社会主义（ecological socialism）是生态运动和思潮的一个重要流派，最早出现在1979年阿格尔的《西方马克思主义概论》中，其主要的代表人物有巴赫罗、莱易斯、阿格尔、高兹、佩珀等。20世纪90年代之后，生态社会主义学家特别注意吸收绿党和绿色运动推崇的一些基本原则，包括生态学、社会责任、基层民主和非暴力等方面，坚持马克思关于人与自然的辩证法的基本观点，否定资产阶级狭隘的人类中心主义和技术中心主义，将生态危机的根源归结为资本主义制度下的社会不公平和资本积累本身的逻辑，批判了资本主义的经济制度和生产方式，要求重返人类中心主义时代，也为生态社会主义思想的初步形成打下了基础。

（二）生态社会主义的特点

1. 重视生态生产

生态社会主义反对垄断资本主义和苏联高度集权化的社会主义经济，反对稳态经济，主张在公有制和民主管理的基础上实现计划和市场结合、集中与分散折中、中央与地方互补的混合型经济的增长。20世纪90年代，美国生态社会主义思想家约尔·克沃尔（Joel Kovel）提出了具有明显的生态马克思主义特点的生态社会主义道路，赞同佩珀提出的关于计划与市场相结合的经济原则，但同时强调了生产必须符合生态化生产原则的重要性。

第一，生产过程与产品的一致性。生产过程是产品的重要组成部分，因为受到资本主义的压抑而消失的生产过程的快乐，将会在生态化的生产过程中再现，并成为日常生活的有机组成部分。劳动成为生态化生产的自由选择，其目标在于完全实现使用价值而不是资产阶级所追求的交换价值。生产过程的民主化和生产产品的民主化得到统一，这是实现生态系统整体性的基础和条件。

第二，生产过程必须符合自然规律，特别是热力学定律。在一定程度上，太阳可以为地球补充能量，但是资本为了实现利润的最大化，会利用一切可能的办法利用燃烧石油和煤炭等的能量来代替人工劳动。而在一个相对封闭的自然系统中，这种可供转化为能量的煤炭和石油越来越少，根据热力学定律这种转化是不可逆转的。因此，有必要对造成这种状况的资本主义生产体系进行变革，以确保人类社会的持续发展。生态化生产虽然不是完全符合能量守恒定律，但是我们还是应该尽可能地采用可更新能源和直接的人工劳动，来避免由于资本对能源的消耗而造成的高熵值的不稳定状态。

第三，生态化生产与生态化需求的一致性。克沃尔提出了“需求的极限”理论，认为人们需要通过提高感受性来重新定位人类的需求，不仅要对基本的劳动组织进行改革，而且要从质量而不是数量上来定位人类需求的满足，它解决的是可持续发展的问题。

第四，生态化生产与人的思维方式的一致性。人类必须参与维护人道的生态系统，发展一种接受性的存在方式，既要在主观上承认人类是自然的构成元素，又要在劳动的过程中与自然界相互融合。

2. 追求社会公正

20世纪90年代以前，生态社会主义接受的是生态中心主义的价值理念，强调自然的内在价值。90年代后，生态社会主义逐渐重返人类中心主义，开始更多地关注现实社会问题。认为对环境的理解不仅是指狭义的自然环境，还应包括社会生活的诸多方面。生态系统是由无数个生命网络系统构成的，人、自然、社会都是生命网络系统的重要组成部分，在这个大系统中，自然与社会不是对立的，而是相互作用、相互依存的，自然制约并改变着社会；反之，社会也改变着自然。由此可见，生态社会主义是把社会公正当作社会主义的核心价值看待的，其基本含义是实现社会公平和正义，并迫使资本家做出伦理与政治上的保证。

二、敬畏生命理论

20世纪中叶之后，以法国生命伦理学家阿尔贝特·史怀泽（Albert Schweitzer）为代表的生命伦理学派，把伦理关怀的对象从人扩展到一切生物，提出了“敬畏生命”（reverence for life）的理论，这一理论对当今世界和平运动与环保运动都具有重大影响。

“敬畏生命”可理解为“崇敬生命”“崇拜生命”“尊敬生命”等。理论提倡对生命的“敬畏”，反对无辜毁灭动植物的不道德行为，因为一切生命都是自然界进化发展的产物，都具有不可被剥夺的生命存在权利和内在价值。人类敬畏其他拥有生存权利的生命应该同敬畏人类自己的生命一样，把伦理关怀的对象扩展到宇宙中的一切生命。“谁习惯于把随便哪种生命看作没有价值的，谁就会陷于认为人的生命也是没有价值的危险之中。”

敬畏生命伦理学是一种肯定世界的新的世界观。它使我们尘封已久的良知被唤醒，从而更加关心与我们发生联系的、存在于我们范围之内的一切生物，并在力所能及的范围内帮助它们。这样，人们和宇宙之间就建立起了一种精神性的联系。这种精神性的联系丰富了人们的内心生活，给予人们一种精神的、伦理的力量，促使人们去创造一种比以前更高级的生存方式和活动方式。得益于“敬畏生命”的伦理学，我们成了另外一种人。

承认一切生命的内在价值是“生物中心伦理”的核心观点，是对涉及自然法则的传统伦理的丰富和发展，史怀泽把内在价值称为“世界和生命主张”思想。科学技术使工业化水平越来越高，但它无视自然的价值，只把自然看作遵从物理学和力学规律的机械性的东西，从而使自然的善与生活的善之间的联系更加疏远，使自然和伦理之间形成二元性的分离。大自然本身没有善恶美丑之分，伦理也只是由于人的存在和人的判断才具有意义。现代社会中的许多非伦理行为，都与自然和伦理的二元性分离相关，如精神文化的堕落、官僚主义、战争等。史怀泽认为“敬畏生命”是所有伦理道德的发源地，因为人是会思考的动物，所以他会把敬畏自己的生命与敬畏其他的生命同等对待，在验证自己生命的过程中验证着其他生命。

三、“大地伦理”思想

美国生态学家奥尔多·利奥波德（Aldo Leopold）的作品《沙乡年鉴》被认为是大地伦理的开山之作，不仅引起了当时理论界和科学界的震动，而且对当今生态问题的研究和解决也具有一定的参考意义。

利奥波德认为，大地（即地球）不是僵死的，而是一个有生命力的活生生的存在物。人与天地万物之间不是主人和奴仆、征服和被征服的关系，而是“民胞（同胞）物与（同伴）”的平等关系，这些观点与当代生态伦理学的观点基本一致。因此，对待土地我们不能只拥有权利而不尽义务。伦理关怀的范围应该扩大到动物、植物和土地在内的众多方面，他反对把土地只当作“死”的物体，当作可被我们随意改造和利用的物品，而提倡把土地看作和人一样的有机体，有“喜怒哀乐”，有“生老病死”。这时的土地已经超越了土壤范畴，成为能量在动物圈、植物圈和土壤圈流动的基础。这时的人类也不是以主人或征服者的面目出现，而是与前面所讲的“民胞（同胞）物与（同伴）”相同，即是一种伙伴关系。人类应该尊重他的生物同伴，而且也应以同样的态度尊重社会。人类充其量是生物群落中的一部分而已，是“生物公民”而不是自然的“统治者”。利奥波德的土地伦理则把道德审视的重点从生物个体转向了生物总体。在一个相对稳定的群落中，一个成员往往是其他成员延续生命的能量“资源”，一棵橡树死了，其他橡树仍然活着。一个成员被“消费”了，但能量永远在系统中循环。如果组成群落的各个成员之间形成了各种依赖关系，群落的健康就体现在它的整体性和稳定性上。利奥波德用“土地金字塔”图形来说明生物群落的“高度组织化的结构”和它的自然属性。土壤在金字塔的最底层，往上依次是植物、昆虫、鸟、啮齿、不同的动物。这样，物种按其食物次序的差异被安排在不同的层级中，“每个后继层在数量上递减”，从而形成了系统的金字塔形状。

生态环境问题的实质是哲学问题。利奥波德在《大地伦理学》中指出：环境问题与其说是一个实证问题、技术问题，倒不如说它更是一个哲学问题，而且最终也只能够走向哲学的终点。如果要想使环境保护获得更多成绩，我们就需要某种哲学方法的支撑。从《创世纪》前面几段的内容里我们不难看出，上帝有意让人去治理地球。人们常常从这种意蕴出发，去指责宗教，认为宗教应该对我们的环境问题负责。人们据此认为是《创世纪》导致了人类用灾难性的方法去改造自然，并以这种方法延续至今。而帕斯摩尔指出，《创世纪》是在这种改造开始之后才撰写的，它不可能是最初的原因。但是也有一些内容是值得讨论的，即在一定程度上，《创世纪》为人类改造自然行为的合理性进行辩护，因而是人类“拯救自己的良知”的一种企图。虽然这种解释把宗教置于人类对环境破坏的原罪上，但仍然改变不了如此辩护的苍白无力。“如果他们的后代在过去的几百年里对人与自然的关系都只有一点模糊的理解，那么很难想象人类能够在文明之初，就能如此清晰地意识到他们的行为对环境的破坏性影响。”其实，如果我们从另外一个角度去思考这个问题可能会更加合理，即早期人类的生存状况问题，衡量他们在对自然的恐惧与对自然所犯的罪恶之间的选择就可以知道这个问题的答案。很明显，《创世纪》的主要目的不是为人类对自然所犯错误的开脱，而是为处于绝对劣势中的人类提供安慰和希望，如果连起码的生存都不能得到保障，那么再谈人类在自然界中的位置就没有价值了。

四、“内在价值”思想

多年以来，人们一直希望能够有一种新的伦理思想来指导生态建设。美国环境哲学家罗尔斯顿（Holmes Ralston）是利奥波德大地伦理学的继承者。他指出，一个物种是在它生长的环境中成其所是的。环境伦理学必须发展成大地伦理学，必须对与所有成员密切相关的生物共同体予以适当的尊重。我们必须关心作为这种基本生存单位的生态系统。人类对自然尊重的基础，不单单是人的同情心和意愿，以及人的利益和自然的工具性价值，还要考虑自然的内在价值、生态系统的完整性与稳定性。人类从大自然的统治者降为普通成员，在自然界中没有特权。这种转变不仅提高了自然物体和生态系统的道德地位，而且还与现代生态学的科学精神相一致，使大地伦理学彻底成为非人类中心主义。罗尔斯顿认为，自然具有科学、审美、经济、消遣、遗传等14种价值，这些价值产生于人类与自然的相互关系中，是人类赋予自然物的。生态系统是这些价值存在的一个集合体，它拥有超越工具价值和内在价值的系统价值。生态系统的价值是客观的，不以人的意志为转移的。

一个东西具有内在价值，是就它而言被认为具有为它自己的利益的价值。澳大利亚《生态与民主》的编辑玛休斯认为，当一个系统能够自我实现、自我保护时，我们就认为它拥有内在价值。人类把内在价值赋予人类自身，因为每个个人就是一个自我。在这里，我们没有强迫那些认为他们自身具有内在价值的人去认识其他自我的内在价值，包括其他人的内在价值。这就是道德哲学中的著名论题：人们是怎样根据第一个人的情况为前提出发，去对第二个人、第三个人的情况做出论断的。自我理念在玛休斯的理论体系中占了很大分量，好像没有其他类似的特征能够保证人们在自我矛盾的痛苦中被迫把内在价值赋予自我。玛休斯认为，作为自我实现、自我保护的实体，非人类存在物的自我是“他们自身就是目的”。如果道德代理人承认其他自我拥有他们自己的“好”，那么这些代理人就应该去促进那些其他自我的“好”，把其他自我提升到更高位置。这时，道德代理人从其他拥有内在价值的自我那里收获的普遍观点其实就是道德代理人自己的观点。

去维护其他自我的“好”是我们“好”的一部分，也是其他自我“好”的一部分。虽然玛休斯在确立道德代理人是人还是其他自我上具有很大的模糊性，并在一定程度上迫使其他道德代理人的自我接受这种内在价值，但是生态主义仍然需要这样的论证。

任何事物都不可能脱离其生存环境而孤立存在，不可能拥有自在自为的生态系统。因为自在价值总要转变为内在价值，并在生态系统中发挥作用，所以单个物体不可能成为系统中价值的聚集地。虽然生态系统的进化创造出了更多的个体和自由，创造出了越来越多的内在价值，但是生态环境的整体性和系统性特质让“自在自为”的个体内在价值失去了存在基础。如果把这些个体的内在价值从公共的自然生态系统中剥离，那么就容易把价值看成纯粹内在的和基元的，容易走入形而上学的死胡同，以致忘记了价值的联系性和外在性。在由溪流和腐殖土壤组成的生态环境中，延龄草获得了充足的水源和养分而茁壮成长，潜鸟也从其生活的湖泊中得到了营养和水源，这时的溪流和腐殖土壤是可评价的、有价值的。人们对物种、种群、栖息地和基因库的关注需要一种合作意识，这种意识把价值看作“共同体中的善”。自然界实体之间的关系和实体本身一样真实，把样式与存在、个体与环境、事实与价值密不可分地联系在一起，使事物在它们的相互关系中得以生成和发展。内在价值只是整体价值的一部分，任何把它割裂出来并孤立评价的做法都是片面的，个体价值也只有在自然系统中才具有意义。

第四节　我国生态文明思想的发展

新中国成立以来，历届党中央在领导中国人民进行经济、政治、文化建设的过程中，一直高度关注人与自然的关系。由于生产力发展及认识水平有限，党中央在处理人与自然关系的问题上也走了一些弯路，遭遇了一些挫折，曾出现过忽视人口膨胀、过度消耗资源、破坏自然环境等违背客观规律的情况。但中国共产党及时总结经验教训，不断深化对人与自然关系的认识，形成了一系列生态文明建设的思想理论成果，这些宝贵的理论成果对我们谋求可持续发展、实现人与自然的和谐相处、谋求人的自由全面发展具有重要的现实指导意义。

一、以毛泽东同志为核心的第一代中央领导集体的生态观

毛泽东虽然没有明确提出有关生态文明建设的理论，但是他从马克思主义认识论主客体关系的角度出发，提出了一系列有益于环境保护的措施，其中主要包括植树造林、兴修水利、治理水患等。

第一，绿化祖国，建设好生态环境。1932年，以毛泽东为主席的中华苏维埃政府颁布了《植树造林》决议。1938—1942年，在毛泽东的倡议下、在陕甘宁边区政

府的带动下，共植树260万株，1943—1946年，在陕北张家畔荒滩植树500余万株。这些就充分显示毛泽东对植树造林、绿化祖国的重视。

第二，兴修水利，治理水患，推进水土保持工程。毛泽东在民主革命时期就指出了兴修水利的重要性，认为水利是农业的命脉，我们应予以极大的重视。新中国成立后，我国也常遭受水患的困扰，先后修建了官厅水库、治淮水库、三门峡水库等，20世纪70年代又建成了葛洲坝水利枢纽。此外，毛泽东坚持治水与改土相结合，提出“兴修水利，保持水土”的口号，要求全民在垦荒时注意水土保持工作。

第三，关于环境保护问题，制定了一系列环境保护法规。1973年，第一次全国环境保护会议召开，会议审议通过了我国第一个环境保护文件——《关于保护和改善环境的若干规定》。随后《环境保护规划要点》《关于环境保护的十年规划意见》《关于编制环境保护长远规划的通知》相继出台，全国着重开展了“三废”治理和综合利用工作。

第四，对资源的利用问题。提倡节约利用资源，综合利用资源，认为节约资源是保护环境的关键，综合利用资源是节约资源、保护环境的有效手段，坚决反对生产资料和生活资料的浪费。

但由于这一时期，提倡“大跃进”和“大炼钢铁”运动，以粮为纲、毁林开荒、围湖造田等活动盛行，在一定程度上对环境造成了破坏，也加剧了不正确自然观的蔓延。

二、以邓小平同志为核心的第二代中央领导集体的生态观

由于不正确的生产方式，我国出现了水土流失、沙漠化等问题，作为我国现代化建设的总设计师，邓小平认识到生态环境保护以及统筹经济与自然协调发展等的重要性，提出了一系列生态文明思想，初步形成了中国共产党生态观的基本框架。

（一）正确对待经济发展、资源与环境问题

我国还处于社会主义初级阶段，经济发展仍是我国的首要问题，在发展经济的同时，就要面临环境、资源问题。如何在保证经济快速发展的同时，保持一个良好的生态环境，是我国需要解决的问题。为此，邓小平强调，要注重经济效益的提高，不能只注重产值、产量的提升，要区分经济增长和经济发展之间的差异，转变经济增长方式，着力解决我国的生态问题。

（二）依靠科学技术保护环境和开发资源

1988年，邓小平在会见捷克斯洛伐克总统胡萨克时指出“科学技术是第一生产力”，并将这一思想渗透到环境保护及治理中。他还明确提出，解决生态环境问题、农业问题等，科学技术是关键。

（三）重视环境保护的法制建设

邓小平深刻认识到环境保护法制建设的重要性，强调森林法、环境法、草原法等的建立，并将生态环境保护定为基本国策，加强对环境法律法规的构建与完善，在全社会树立环境保护的良好观念等，这些工作在今天确实产生了“绿化祖国、造福后代”的实实在在的成效。

三、以江泽民同志为核心的第三代中央领导集体的生态观

（一）将可持续发展确立为中国的基本国策

1989年12月，联合国大会通过决议，决定召开环境与发展全球首脑会议，期望在全世界范围内采取协调一致的行动，有效应对全球环境与发展问题。1992年，中国政府向联合国环境与发展大会统筹委员会提交《中华人民共和国环境与发展报告》，系统回顾了中国环境与发展的过程和状况，同时阐述了中国关于可持续发展的基本立场和观点。在1992年的里约热内卢环境与发展大会上，中国代表团出席大会并签署了《里约热内卢环境与发展宣言》和《全球21世纪议程》等文件，向国际社会表明了我国政府积极推进可持续发展的立场。会议结束不到一个月，国务院召开会议部署落实会议精神，决定由国家计划委员会和国家科学技术委员会牵头，组织中央政府各部门制定中国的可持续发展战略《中国21世纪议程》，同时组成由52个部门、300余名专家参加的工作小组具体承办《中国21世纪议程》的编制、汇总工作。1994年3月，国务院制定完成并批准通过了五易其稿的《中国21世纪议程——中国21世纪人口、环境与发展白皮书》。

1996年3月，第八届全国人民代表大会第四次会议批准的《国民经济和社会发展“九五”计划和2010年远景目标纲要》将可持续发展作为一条重要的指导方针和战略目标，并明确做出了中国今后在经济和社会发展中实施可持续发展战略的重大决策。可持续发展战略在我国确立。

（二）保护生态环境就是保护生产力

江泽民将生态环境建设上升到生产力的高度，明确提出“保护生态环境就是保护生产力”的科学论断，这一科学论断指出了保护生态环境和经济社会发展之间的辩证关系，并指出生态环境一旦遭到破坏，进行修复就不容易了，而且未必能取得完满效果。

（三）生态环境建设需要多方面的共同努力

一国公民的环保意识对环境保护措施的实施有着重大影响，环保意识是衡量生态文明建设的重要指标。因此，要加强全党全民族的生态环保意识，依靠全社会的共同努力来推动生态文明建设的发展。

通过国际上的相互配合和密切合作来解决全球性的环境问题是江泽民所倡导的，他认为应吸收借鉴国外环境保护的先进技术及经验，不断推进国内生态环境建设。国际性是江泽民生态观的一个鲜明特征，这是站在全球化视角对中国经济社会可持续发展的战略思考，推动我国国内生态环境建设走上了一个新台阶。

四、以胡锦涛同志为核心的第四代中央领导集体的生态观

党的十六大以来，以胡锦涛同志为核心的第四代中央领导集体高举中国特色社会主义理论的伟大旗帜，在思想战线上大胆创新，进一步提出了一系列有利于促进我国生态环境建设的理论，实现了生态环境建设思想的纵深发展。

（一）在发展理念上，提出科学发展观的先进思想

长期以来，我国一直将GDP作为社会经济发展的核心和衡量指标。这种发展模式虽然有助于促进国民经济的快速起飞，但也极易导致发展视野狭隘，给资源与环境问题的产生留下隐患。有关统计显示，自20世纪80年代以来，由于各地的盲目建设和片面发展，我国土地沙化逐年加重，人均耕地从1980年的近2亩减少到2003年的1.43亩，工业废水量2003年达到460亿吨，造成全国340个大中城市中有近60%的城市空气轻度污染和严重污染，其中严重污染的比例高达27%，空气质量达标的城市只占41.7%。基于这一现实，胡锦涛明确提出了科学发展观的先进理念，强调以人为本，全面、协调与可持续的发展思想，为促进我国社会经济与生态环境建设的和谐共进奠定了基础。胡锦涛指出：“必须切实提高经济增长的质量和效益，努力实现速度和

结构、质量、效益相统一，经济发展和人口、资源、环境相协调，不断保护和增强发展的可持续性。”作为一个全新的理论体系，科学发展观的提出有助于推进21世纪我国生态环境建设水平的不断提升。

（二）在经济增长模式上，主张大力发展循环经济

转变经济增长模式一直是我国经济发展的重要方针。21世纪以来，随着科技水平的提升，循环经济逐渐成为经济新增长方式的重要内容。2004年，胡锦涛在江苏考察时指出，各地区“在推进发展的过程中，要抓好资源的节约和综合利用，大力发展循环经济”。党中央的这一决策一方面有助于节约资源，改变我国能源紧缺的不利局面；另一方面也为解决生态环境问题、维护生态平衡提供了重要途径。在循环经济模式中，由于将生态设计、清洁生产、资源综合利用、绿色包装、绿色营销等融为一体，能够达到废物的减量化和无害化，因此有助于减轻环境压力，提升生态环境水平。

以胡锦涛同志为总书记的党中央号召全社会以推进节能减排为重点和契机，大力发展循环经济，通过综合运用法律、经济、技术和必要的行政办法，严格控制能源消耗和污染物排放量，实现从“资源—产品—废弃物”的单向式过程向“资源—产品—废弃物—再生资源—再生产品”的反馈式过程转变，从而为我国生态环境建设的进一步发展提供保证。

（三）在社会构建上，提出构建资源节约型与环境友好型社会的思想

随着生态环境因素重要性的不断突出，党中央以科学发展观为指导，又进一步提出了构建资源节约型与环境友好型社会的先进思想，并将其列为我国“十一五”规划的一项重要内容。在党的十七大报告中，胡锦涛指出：“必须把建设资源节约型、环境友好型社会放在工业化、现代化发展战略的突出位置。”当前，积极促进资源节约型与环境友好型社会的构建，能够带动我国国民经济实现科学和可持续发展，为解决我国的资源与环境问题奠定基础。党中央认为，“坚持节约资源和保护环境的基本国策，关系人民群众切身利益和中华民族的生存发展。必须把建设资源节约型、环境友好型社会……落实到每个单位、每个家庭。”因此，当前全社会都要进一步加强宣传力度，努力使每个单位和每个家庭在生产、生活、消费等方面增强环保意识和节约意识，将构建资源节约型与环境友好型社会的先进理念转化为切实的行动以至一种自觉的行为规范，为我国生态环境建设水平的提升构筑社会基础。

（四）在文明形态上，提出生态文明，实现人与自然的和谐相处

人与自然的关系问题是马克思主义生态环境理论的一个重要组成部分。马克思指出“人是自然界的一部分”，人类的社会实践活动必须尊重自然规律。恩格斯告诫后人：“我们不能过分陶醉于我们对自然界的胜利，对于每一次这样的胜利，自然界都报复了我们。”党的十七大以来，党中央坚持以马克思主义为指导，在处理人与自然的关系问题上实现了对前人观点的深化和突破，即从文明形态的高度，前所未有地提出了生态文明的科学概念。胡锦涛明确指出：“建设生态文明，基本形成节约能源资源和保护生态环境的产业结构、增长方式、消费方式。”生态文明概念的提出，创造性地将我国的生态环境建设提升到了新的理论高度，既丰富了人类文明的理论，也彰显了我党对生态环境建设的坚定意志。当前，积极加强生态文明建设，有助于克服人民群众在社会实践中对生态环境造成的各种负面效应，使人们自觉维护生态平衡。在人与自然和谐共生的基础上利用和保护自然，建立健康有序的生态运行机制和良好的生态环境，从根本上扭转我国生态环境恶化的不良趋势，实现经济、社会和自然环境的协调发展。

第五节　习近平新时代生态文明思想

一、习近平生态文明思想的形成

每一种思想理论都有自身的形成背景、形成过程，并蕴含着一定的形成逻辑，习近平生态文明思想亦是如此。习近平生态文明思想正是在全球性生态危机爆发的国际背景下以及中国改革开放40年积累了种种生态环境问题的国内背景下形成的。习近平生态文明思想的形成过程与习近平个人的工作经历和思想是密不可分的，由萌芽、发展、形成、完善四个阶段构成完整的形成过程。习近平生态文明思想以马克思主义生态思想为理论基石，有深厚的理论基础，其形成亦有其形成逻辑。

（一）习近平生态文明思想的形成背景

习近平生态文明思想的形成有一定的时代背景。当代，全球性生态危机的爆

发，环境污染和生态破坏的持续恶化，让人不得不反思工业化发展带来的弊端，各方面的改革都势在必行。世界各国都在寻找解决生态环境问题的途径和方法，中国也不例外，但是无论是从理论方面还是从实践方面都必须立足本国国情研究治理理论和制定治理方法。尤其是中国处在全面深化改革时期，要解决改革开放40年积累的生态方面的沉疴痼疾，建设美丽中国，需要新的生态文明理论作指导，推进中国生态文明建设。习近平在地方工作时就进行生态实践活动，在执政期间更是提出很多著名的生态文明论断。习近平生态文明思想正是在这种大背景下形成的。

1. 全球性生态危机的爆发

从国际上看，工业革命推动了科学技术和生产力的发展，改变了社会的生产方式和人类的生活方式，使人类开发利用自然的能力迅速提高，并在与自然界的关系中占据了主导地位，工业文明的经济发展模式开始统治世界。发达资本主义国家在早期工业革命过程中，以牺牲环境和资源为代价换取了持续的高工业增长率和高额利润，并形成“大量生产、大量消费、大量浪费”的生产和生活方式，这是一种不可持续发展的经济发展模式。而世界各国却只看到了其物质财富的增长，忽视了其对生态环境的破坏，导致争相采取这种发展方式推进本国经济发展。随着这种经济发展方式在全球范围内的扩展，由环境污染、人口膨胀、能源资源短缺、全球气候变暖等生态环境问题，逐渐形成的资本主义生态危机也逐渐向全球扩展，演变成全球性生态危机。20世纪30—60年代，环境污染事件频发，致使普通百姓非正常死亡、残疾、患病的恶性事件不断出现，其中最严重的就是震惊世界的“八大公害事件”：属于大气污染的有1930年发生在比利时的马斯洛河谷事件；20世纪40年代发生在美国的多诺拉事件和洛杉矶光化学烟雾事件；1952年的伦敦烟雾事件以及发生在日本的四日市哮喘病事件；还有属于工业水污染的是发生在日本的熊本县水俣事件、爱知县米糠油事件和富士山痛痛病事件。这些事件表明在资本主义经济发展的过程中，过度追求物质财富，不注重环境保护，忽视自然生态系统的发展，最终危害人类的生存和发展。全球化生态危机的爆发，使生态环境问题已经超越了国家、民族和地域的界线，成为一种全球化的事业，所以世界上任何一个国家都不能置身事外，人类只有一个地球，同一个地球同一种未来。中国作为最大的发展中国家理应为全球生态文明建设做出自己的贡献，在这种国际背景下，习近平生态文明思想应运而生。

2. 我国严峻的生态状况

从国内看，我国生态环境问题产生已久，改革开放前由于现实条件的限制和对生态方面的认识不足，使我国生态问题变为更加复杂。例如，新中国成立后，片面的人口观念使中国人口急剧增长，人口基数过大，制约着社会发展；大炼钢铁造成资源浪费和环境污染；还有水旱灾害、生态破坏等问题。改革开放，经济获得了快速发展，但是生态环境问题并未得到解决，反而更加严重，具体表现在以下三个方面。

其一，人口与资源能源方面。虽然实行计划生育政策使人口增长得到控制，但是人口基数过大、经济水平偏低等因素造成的人口文化水平和素质偏低、人均资源占有量偏低等结果仍然影响着社会的发展。

其二，环境污染方面。随着中国全面深化改革的深入，经济发展与生态环境保护之间的矛盾愈加突出，大气污染、水污染、土壤污染、海洋污染等问题不断出现。尤其是近年来各地雾霾日的持续增长对人们的生产和生活产生了严重影响，已经成为全国的一大公害，引起了政府和社会的重点关注。受雾霾影响较大的京津冀地区联合出台了多种环保政策改善空气质量。2018年，中国生态环境部通报的《中国环境状况公报》从大气、淡水、海洋、土地、自然生态、声、辐射、交通与能源和气候与地质灾害等九个方面对我国生态环境状况做了综合调查。空气质量测量结果显示，“2018年，全国338个地级及以上城市中，有121个城市环境空气质量达标，占全部城市数的38.8%”。水土流失情况普查结果显示，“中国土壤侵蚀总面积294.9万平方千米，占普查范围总面积的31.1%”。典型海洋生态系统监测显示，“21个典型海洋生态系统中处于健康、亚健康和不健康状态的海洋生态系统个数分别占生态系统总数的23.8%、66.7%和9.5%”。可见，我国环境污染已经严重威胁到人们的生存和发展。

其三，能源资源方面。改革开放初期，我国经济发展主要是粗放型经济发展模式，由于技术水平低致使能源利用率低、资源浪费现象严重。我国著名经济学家吴敬琏就曾指出，中国目前消耗的能源总量占全世界的21.3%，生产的GDP总量却只占世界的11.6%。这种对能源资源的不合理开发利用行为不仅会造成资源浪费和环境污染，还会造成严重的气候和地质灾害，比如汶川地震、青海地震等。随着开发程度的加大，我国的森林、湿地等资源正在逐渐减少，土地荒漠化也日益严重，生物多样性也逐渐减少等，这些生态问题随着经济的发展并未得到很好的解决。在习近平新时代中国特色社会主义思想领导下的新时代，要实现中华民族的伟大复兴，生态环境的改善也是其中一项很重要的任务，中国迫切需要适合当代中国国情的生态文明思想理论的指导。

（二）习近平生态文明思想的形成过程

习近平生态文明思想的形成过程与习近平的工作经历密切相关。通过对习近平工作期间讲话内容、出版著作的研究，可以看出，习近平生态文明思想孕育于延川知青阶段，发展于正定福建工作期间，形成于沪浙时段，完善于中央工作时期。

1. 萌芽阶段

1965年，习近平作为知青到陕西省延川县文安驿公社梁家河村插队，一待就是7年。梁家河是陕北高原上的一个小山村，地理位置不好、交通闭塞，山多耕地少、水土流失和土地荒漠化严重，生态环境很恶劣，村民生活也很贫困。习近平等知青的到来给这个落后的小山村带来了生机。尤其是1974年习近平同志当选梁家河大队党支部书记后，他想方设法带领村民摆脱贫困、发家致富，也是在这个过程中习近平早期的生态文明思想开始萌芽。

1974年1月，习近平提出到四川学习办沼气来解决当地生活能源缺乏问题的提议得到了延川县委的支持。随即由习近平、张之森等7人组成的代表团赴四川学习办沼气。在四川省沼气办的带领下，耗时40多天，实地走访、考察了5个地区17个县的沼气建设情况，详细记录了不同地质条件下沼气的建设条件和方法，以及建设过程中需要注意的各种细节问题。学成后，随着习近平试建沼气的成功点火，各家沼气陆续开始建设，梁家河成为陕西省第一个沼气村。沼气的使用不仅解决了当地群众做饭、点灯等日常生活的能源问题，还代替了煤炭、秸秆等传统能源，保护了当地的生态环境。沼气这一可再生能源的成功开发，无疑是习近平保护生态环境迈出的第一步，也是习近平早期生态文明思想萌芽的生态实践经验来源。

2. 发展阶段

1982年，习近平放弃北京优越舒适的工作和生活，主动要求到基层进行锻炼，于是来到了河北省正定县。这一时期既是习近平政治生涯的起步阶段，也是其生态文明思想的发展阶段。习近平任正定县委书记时，结合其地理位置和自然条件，提出走“半城郊型”经济发展路子的主张，强调“生态平衡规律对经济建设、对农业发展的关系最为重大。农业经济只有在生态系统协调的基础上，才有可能获得稳定而迅速的发展”。他在正定经济发展与生态环境保护协调发展过程中，运用“实践—

认识—再实践—再认识”的方法，总结出一些保护生态环境的论述，并在实践过程中不断深化、升华。

1985年，习近平调任福建，为了福建能获得更好的发展，他对福建展开了大规模实地考察，并针对福建的生态形势，提出了众多方针和措施，同时也深化了习近平生态文明思想。首先，提出“造林绿化、振兴闽东”的口号，指出必须完善林业责任制和健全林业经营机制，发挥林业的经济效益、社会效益和生态效益。其次，习近平还认为闽东适合发展大农业，即把农业当作一个完整的系统工程来抓，并注重协调农、林、牧、副、渔之间的关系，发挥各自最大的优势，提升总体效益，“提倡适度规模经营，注重生态效益、经济效益和社会效益的统一”。最后，他提出“城市生态建设”理念，要“把福州市建设成为清洁、优美、舒适、安静、生态环境基本恢复到良性循环的沿海开放城市”；还有“建设生态省”战略构想，强调要“争取用20年左右的时间，把福建建设成为生态效益型经济发达、城乡人居环境优美舒适、自然资源永续利用、生态环境全面优化、人与自然和谐相处的生态文明省份”。这都说明习近平关于生态环境的研究范围逐渐扩展，研究内容日渐丰富，为习近平生态文明思想的形成奠定了重要基础。

3. 形成阶段

2002—2012年，习近平先后工作于浙江、上海，这一时期是习近平生态文明思想发展的关键时期，其生态思想的涵盖范围扩展到经济、政治、社会、文化等各个方面，并逐渐形成一个相对完整的理论体系。首先，习近平指出：“‘生态兴则文明兴，生态衰则文明衰’，推进生态建设，打造‘绿色浙江’，是保护和发展生产力的客观需要，有利于加快调整经济结构和优化产业布局，减少环境污染和生态破坏，更好地为生产力发展增添后劲。”其次，习近平指出：“推进生态省建设，既是经济增长方式的转变，更是思想观念的一场深刻变革。”将生态建设内涵延伸到“生态文化建设”层面，强调加强生态文化建设是推进生态省建设的重要前提。最后，习近平提出“追求人与自然和谐，经济与社会和谐”，并把它应用到区域协调发展、经济布局优化、干部政绩考核和财政政策等领域。习近平的这些论述表明，其对生态文明建设的认识取得了重大突破，已经由具体经验总结上升到认识论水平。至此，习近平生态文明思想已具雏形。

4. 完善阶段

2012年，习近平进入中央工作。习近平担任国家领导人后，尤其是党的十八大之后，提出绿色发展理念，将生态文明建设纳入中国特色社会主义现代化事业当中，与社会主义经济建设、政治建设、文化建设、社会建设构成中国特色社会主义“五位一体”战略布局，并站在这一历史高度，提出了关于生态文明建设的一系列重要论述。例如，习近平从人与自然关系的角度提出“像对待生命一样对待生态环境”；从经济发展角度提出“保护生态环境就是保护生产力”；从法制建设角度提出“实行最严格的生态环境保护制度”等。习近平从生态自然、生态哲学、生态经济和生态法治等多个角度，对生态文明建设进行了全面的解读和论述，对生态文明的研究越来越全面且深入，逐渐从零零散散的个人观点形成逻辑清晰的系统理论。习近平还将生态文明建设拓展到国际领域，倡导各国投身到全球生态治理中，构建人类命运共同体，共同建设人类的绿色家园。例如，2013年，习近平在致生态文明贵州国际论坛的贺信中提道：“保护生态环境，应对国际气候变化，维护能源安全，是全球面临的共同挑战。中国将继续承担应尽的国际义务，同世界各国深入开展生态文明的交流与合作，推动成果共享，携手共建生态良好的地球美好家园。”习近平将中国的生态保护和治理理念推广到国际上，为世界各国的生态保护、治理提供了有益参考。

党的十九大报告中表明，中国特色社会主义已经进入新时代，人民日益增长的美好生活需要和不平衡、不充分的发展之间的矛盾成为社会的主要矛盾。而优美生态环境需要与恶劣生态现实之间的矛盾，正是这一主要矛盾的重要表现。习近平在报告中指出必须重视生态文明建设，加快生态文明体制改革，建设美丽中国，而要实现这一目标就必须从推进绿色发展、着力解决突出环境问题、加大生态系统保护力度和改革生态环境监管体制四个方面入手，推动新时代中国特色社会主义生态文明建设，争取建成人与自然和谐共生的美丽中国。习近平生态文明思想逐渐从理论知识上升到国家意志，成为习近平新时代中国特色社会主义思想的重要组成部分，也可以称之为“习近平新时代中国特色社会主义生态文明思想”。

（三）习近平生态文明思想的形成逻辑

全球性生态危机的爆发，使当今世界进入生态文明理论完善和创新的新时代。中国作为深受生态问题困扰的世界上最大的发展中国家，在自身发展过程中，针对生态破坏和环境污染的治理以及自然环境保护，积累了很多的治理经验，也形成了具有中国特色社会主义生态文明思想。任何思想理论的形成都有自己的逻辑结构，习近平生态文明思想也不例外。它有着自身独特的形成逻辑，以实践过程中的人与自然的矛盾为逻辑起点，以人与自然的矛盾在社会结构中的表现作为逻辑展开，以实现新时代人的全面自由发展为逻辑旨归。

1. 习近平生态文明思想的逻辑起点

实践中，人与自然的矛盾是习近平生态文明思想的逻辑起点。马克思和恩格斯指出，“人的本质在现实性上是社会关系的总和，而现实的社会关系是在人的实践活动生成的”，“个人怎样表现自己的生命，他们自己就是怎样。因此，他们是什么样的，这同他们的生产是一致的，既和他们生产什么一致，又和他们怎样生产一致”。这说明，实践是构成人类生命的特殊形式，即人类的生存方式。实践是人们能动地改造现实世界的客观物质生产活动，人对自然、对人本身以及对社会历史的认识都是在实践活动的基础上产生的。实践还是主客体相互转化的双向运动过程，人不仅能改造客观世界，而且还会形成人的主观世界。人们面对现实感性世界的生成、改变与解释等方式的阐释，“是循着相同的思维轴心进行辐射的，这个轴心即是人的实践、劳动”。

马克思和恩格斯从实践的角度来阐释社会，认为“全部社会生活在本质上是实践的”，并且系统论证了人类社会关系的发源地、社会生活的基本领域、社会发展的动力之源，都是来自实践这一命题；阐释了为什么生产力与生产关系、经济基础与上层建筑之间的矛盾是社会发展的动力系统。生产力和生产关系是人类在改造自然满足自身需要的物质生产过程中形成的产物，它体现了人与自然之间的现实关系。这就说明人与自然的关系在物质生产过程中制约着人与自身、人与社会的关系。毛泽东曾说：“人的认识主要地依赖于物质的生产活动，逐渐了解自然的现象、自然的性质、自然的规律性、人与自然的关系；而且经过生产活动，也在各种不同程度上逐渐地认识了人与人的一定的相互关系。”人们之间的交往是在物质生产实践的基础进行的，并在交往过程中形成了一定的交往关系，比如经济交往、文化交往、政治交往等，这些交往的制度化、规范化形成了相应的社会结构。

习近平继承上述理论，并在实践过程中灵活运用。他在不同地区主持工作时，都是先深入实地进行考察，充分了解当地的自然生态环境、出现的生态环境问题以及人民的生活水平等，再运用生态治理理念或制定相应的保护措施，改善当地的生态环境。比如在陕西延川时，习近平针对当地缺乏能源资料、生态自然条件差等问题，学办沼气解决了当地的能源问题，防止当地人们破坏自然生态环境；在正定时，为促进当地经济发展，他针对当地拥有的自然资源和优越的地理位置，主张走“半城郊型经济”道路；还有在福建、上海、中央等地方工作时，他提出了各种关于生态文明建设的意见、建议和论断，制定了各种政策。这些实践活动在本质上都是为了缓解人与自然的矛盾。面对国内外如此严峻的生态形势，要建设新时代天蓝、地绿、水清的优美的生态环境，开创人与自然和谐共生的新境界，就必须重视人类文明发展规律与自然环境的关系问题。

2. 习近平生态文明思想的逻辑展开

习近平以马克思主义实践观为理论基础展开对生态文明建设的探索，并提出，“人与自然是相互依存、相互联系的整体……保护自然环境就是保护人类，建设生态文明就是造福人类”，形成了自己的生态自然思想。习近平在生产力与生产关系的矛盾运动这一关系的基础上提出“保护生态环境就是保护生产力”，辩证地理解经济发展与生态环境之间的关系，形成了习近平生态经济思想。习近平还依据政治上层建筑和观念上层建筑这一理论基础，提出“实行最严格的生态环境保护制度”，“只有实行最严格的制度、最严密的法治，才能为生态文明建设提供可靠保障”，“要加强生态文明宣传教育，增强全民节约意识、环保意识、生态意识，营造爱护生态环境的良好风气”等生态法治制度，构成了习近平生态法治思想、生态制度思想和生态文化思想。

从实践过程理解。全球性生态危机的爆发，尤其是国内改革开放40年来生态破坏和环境污染的加剧，既需要正确的生态文明思想的指导，更需要具有直接现实性和可实践性的生态文明理论。这就要求习近平等中央领导厘清中国特色社会主义生态思想的内在逻辑，并结合新时代中国的国情，创新发展马克思主义生态思想，形成具有中国特色的习近平生态文明思想。习近平生态文明思想具有实践性、逻辑性和彻底性，因为“理论只要说服人，就能掌握群众；理论只要彻底，就能说服人。所谓彻底，就是抓住事物的根本”，所以习近平生态文明思想的根本就是在马克思主义实践观的视域下，从中国生态现实状况出发，把经济发展理论和生态保护理论相结合，找到人与自然、人与社会、人与自身实现和解的途径。

从思想理论逻辑理解。习近平生态文明思想的构成内容有理论的抽象和理论的具体。理论的抽象就是指习近平生态文明思想以马克思主义实践观为理论基础，以历史唯物主义和唯物辩证法为主要方法，来建构人、自然、社会三者之间的关系。理论的具体是指习近平生态文明思想以马克思主义政治经济学为批判手段，把社会的政治、经济、文化结构作为理论与实践的结合点，来探求解决中国生态危机、建设美丽中国的途径和措施。“实践和理论的逻辑就是：新时代提出新课题，新课题催生新理论，新理论引领新实践。”习近平生态文明思想“从实践及其理念上升至认识论高度，通过国家权力机关确认为上层建筑，进而从文化意识形态到制度成果的发展过程，成为其生态文明建设思想不断深化的演进逻辑。”

3. 习近平生态文明思想的逻辑旨归

人的自由全面发展是习近平生态文明思想的逻辑旨归。马克思的共产主义理论中提到，“任何解放都是使人的世界观即各种关系回归于人自身”。而且人的自由全面发展作为一种普遍存在的现象，是指每一个人的全面而自由的发展。人的全面而自由的发展主要包括三个方面：一是人的类特性发展，即人可以自由、自觉地活动；二是人的社会性发展，即人是一切社会关系的总和；三是人的个性发展，即人可以发挥其自身的全部才能和力量。马克思和恩格斯从共产主义理论出发，认为要实现人的自由全面发展必须做到三点：一是必须消灭资本主义私有制；二是生产力高度发达和共产主义的实现；三是个人发展和社会发展相统一。因此，从马克思主义共产主义理论可以看出，人的自由全面发展的实现离不开人、自然、社会三者的和谐发展。

习近平生态文明思想就是在这一理论的基础上形成的。纵观习近平生态文明思想的形成过程，每个阶段习近平在当地工作的最终目标都是促进经济发展，改善人民生活条件，提高人民生活水平。党的十九大报告提出，中国特色社会主义进入新时代，我国社会的主要矛盾已经转化为人民日益增长的美好生活需要和不平衡、不充分的发展之间的矛盾。而人民日益增长的优美生态环境需要就是人民日益增长的美好生活需要的重要组成部分。我们要实现的现代化也是人与自然和谐共生的现代化，我们进行生态文明建设的最终目标也是“让人民群众在良好的生态环境中生产生活”。习近平生态文明思想以实践中人与自然的矛盾为逻辑起点，重点考察经济发展与生态环境的辩证关系，最终实现人、自然、社会的和谐发展。

二、习近平生态文明思想的丰富内涵和理论特征

党的十九大以来，习近平新时代中国特色社会主义思想成为各界关注的热点，习近平新时代中国特色社会主义生态文明思想作为其重要组成部分也受到了广泛关注。习近平总书记在十九大报告中对生态文明建设取得的成果给予了充分肯定。同时也提出，加快生态文明体制改革，建设美丽中国这一新目标。这些都给习近平生态文明思想增添了新的内容。习近平在马克思主义生态思想的理论基础上，结合中国特色社会主义事业的发展情况，继续建设中国的生态文明，并形成丰富的生态文

明思想。习近平生态文明思想包含五个方面，即生态自然思想、生态经济思想、生态法制思想、生态文化思想及生态社会思想，并且有着自身鲜明的理论特征。

（一）习近平生态文明思想的丰富内涵

1. 生态自然思想

随着我国经济的发展，人与自然的关系变得日益紧张。中国改革开放40年来，在政治、经济、文化、社会等方面取得了巨大成就，但同时由于忽视生态环境的治理和保护，也造成了严重的生态破坏和环境污染。比如，高耗能高污染行业的发展，全国范围内的雾霾天气，尤其是北方冬季的重度污染，草原、湿地、森林在生态修复方面的欠账等。针对这种严峻的生态状况，习近平从人与自然的辩证关系出发，提出“生态兴则文明兴，生态衰则文明衰。”“像对待生命一样对待生态环境”的论断，它主要是强调自然界是人类生存和发展的基础，人们在利用自然、改造自然的过程中必须遵循自然规律，保护自然生态环境，以实现可持续发展和人与自然和谐相处为目标，建设新时代生态文明社会。在世界文明发展过程中，由于生态破坏导致文明消失的例子比比皆是。比如，美索不达米亚平原、楼兰古国等等。所以，人们对自然的利用一旦超过自然环境的承载能力，就会造成生态破坏或环境污染，自然界就会反过来制约或阻碍人类社会的发展。

习近平在浙江工作期间就倡导，“要按照统筹人与自然和谐发展的要求，做好人口、资源、环境工作”，要考虑环境的承载能力，将长远利益与眼前利益相结合，推动人与自然的和谐相处，共同发展。在党的十九大报告中，习近平就特别强调：“人与自然是生命共同体，人类必须尊重自然、顺应自然、保护自然。”生态文明建设是实现中华民族永续发展的千年大计，我们必须在中国特色社会主义现代化事业发展过程中贯彻执行这一理念，才能形成人与自然和谐共生的现代化生态文明建设新格局。

2. 生态经济思想

党的十八以来，党中央越来越重视生态问题，生态问题已经成为新时代需要重点关注和解决的问题，生态文明建设关乎全面小康社会的建成、美丽中国的建设以及中华民族的伟大复兴。习近平提出，“要正确处理好经济发展同生态环境保护的关系，牢固树立保护生态环境就是保护生产力，改善生态环境就是发展生产力的理念”，“绿水青山就是金山银山”的著名论断。习近平继承并发展了马克思主义历史观，认为生态环境也是一种生产力，是人类生存和发展的前提和基础。生态环境为人们生存和发展提供了各种必需的自然条件，为人类社会的可持续发展提供了各种能源资源，比如阳光、空气、水、土壤等自然生产资料，还有煤炭、天然气、石油等能源生产资料，这些都为国家经济的发展提供了丰厚的资源，揭示了生态环境与生产力之间的辩证关系以及经济发展和生态环境保护之间的辩证关系。在此基础上，我们就能正确认识经济发展与生态环境保护的辩证关系，即“生态文明建设与经济增长不仅不是矛盾冲突的关系，而且是内在一致的关系”。

首先，良好的生态自然环境是经济发展的重要因素之一。由于我们国家过去长期走粗放型经济发展道路，使自然资源、能源资源消耗过度，生态环境破坏严重，若这种落后经济发展方式不改变，将会严重影响我国经济的可持续发展，大大缩小我国未来的经济发展空间，降低我国的经济发展后劲。也就是说，脆弱的生态环境已经成为限制经济快速发展的主要因素，所以国家社会各界也越来越关注生态环境的保护和治理，想“不断增强环境吸引力，提高要素集聚能力，努力为经济社会发展营造良好的软硬环境”，变“绿水青山”换取“金山银山”模式为“绿水青山就是金山银山”，从而充分发挥我国生态环境的生产力功能。

其次，推动我国经济向绿色发展、循环发展、低碳发展的模式转变是实现我国可持续发展的必经之路，也是我国推进生态文明建设的重要路径之一。绿色发展主要是通过创新环保技术、发展绿色产业，从而推动发展绿色经济的发展来实现的。这就需要推动生态环保产业机构、绿色经济增长方式和大众绿色消费方式的形成，并构建社会主义现代化生态产业发展体系，从而为实现我国的绿色发展奠定良好的产业基础。发展循环经济既是生态文明建设的重要内容，也是转变经济增长方式的根本途径。我国能源资源的缺乏以及资源浪费现象严重，也使发展循环经济成为必然。习近平认为，必须“大力发展循环经济，促进生产、流通、消费过程中的减量化、再利用、资源化”；低碳发展主要是指通过发展低碳经济，来减少温室气体的排放，应对全球气候的变化，从而实现经济的可持续发展。在加快建立健全绿色低碳循环发展的经济体系的过程中，也为加快我国生态文明建设打下了良好的生态经济基础。

最后，我国经济发展存在的最大问题就是缺乏技术创新，还有就是供给商品已不能满足人民多样化的需求，尤其是生态产品的供给。习近平就此提出实行供给侧结构性改革，实施创新驱动发展战略，认为这是“加快经济发展方式、提高我国综合国力和国际竞争力的必然要求和战略举措”。只有通过技术创新，掌握核心技术，才能转变经济增长方式，让能源资源、生态环境等要素能以最少投入获得最大产出，从而降低经济发展的生态环境成本，改善人们的生产生活环境，增加生态产品的有效供给，满足人们日益增长生态需求，加强生态文明建设。

3. 生态法制思想

生态环境问题是由于人类不合理开发、利用自然资源导致的人与自然关系的异化，但是如果生态环境问题没有得到解决，就会影响到其他领域的发展。习近平提出："不能把加强生态文明建设、加强生态环境保护、提倡绿色低碳生活方式，仅仅作为经济问题，这里面有很大的政治。"生态环境问题还是一个巨大的政治问题，它需要一定的政治方式去解决。然而，"我国现行法制、体制和机制还不能完全适应生态文明建设的需要，存在较多的制约科学发展的体制机制障碍，使发展中不平衡、不协调、不可持续的问题依然突出"。因此，习近平提出："只有实行最严格的制度、最严密的法治，才能为生态文明提供可靠保障。"

首先，必须实行最严密的法治。当代我国生态环境保护过程中存在着很多突出问题，这些都与生态环境保护法治体系不完备有着密切关系。至今我国生态环境保护法规已有30多部，但是对生态环境的保护并没有起到多大作用，生态环境恶化依然在加剧，比如过去的排污费。还有我国生态环境保护法存在着很多立法空白，比如缺少雾霾、土壤污染、光污染、生物安全、核安全等法律法规，无明确处罚依据。加之环境保护法律配套滞后，很多环境法律条例、规章标准、可执行政策没有出台，严重影响了环境法律的贯彻执行。因此，我们必须建立、健全与中国特色社会主义新时代相适应的完备的生态环境保护法律体系，用法律制度保护生态环境、保障生态文明建设的顺利进行。在有法可依的基础上要严格执法、公正司法，完善环境资源审判机制，严厉惩治破坏生态环境犯罪，从而推动生态治理、生态修复，促进绿色发展。

其次，必须实行最严格的制度。习近平在浙江生态省建设过程中提出，必须建立和完善自然资源有偿使用机制和市场化、多元化生态环境恢复补偿机制。这样有利于节约资源和生态的自然恢复，保证生态系统的完整性和自愈能力，建立、健全自然资源资产产权制度。我国的自然资源属全民所有，但是具体开发过程中，所有权人和所有权人权责不明确、无落实的问题尤为突出，这就需要有具体制度规范自然资源资产所有权人在享受自然资源资产带来利益的同时，还要承担起保护生态环境、治理生态环境的责任，让所有的自然资源都有明确的责任人，"形成归属清晰、权责明确、监管有效的自然资源资产产权制度"。还要建立严格的生态文明评价和考核机制，把最严格的生态环境保护责任追究和损害赔偿制度落到实处，实行终身追究制。

4. 生态文化思想

要了解生态文化，应该先清楚文化的含义。广义的文化是人类物质文明和精神文明成果的总和；而狭义的文化仅指精神文明成果。同理，生态文化亦然，广义的生态文化是指一种生态文明观，倡导人与自然和谐处的生活方式，它主要包括制度、物质、精神三个层次；狭义的生态文化是指以生态文明观为指导的社会意识形态。而我们通常所说的生态文化主要指狭义的生态文化，即生态文明理念和生态文明意识。

首先，生态文化是生态文明建设的重要支撑。我国改革开放40年来都在过度追求经济增长，而忽视了在生态环境保护的过程中形成的畸形的生态文明理念和生态价值观念。要改变这种长期的错误观念，就必须发挥生态文化的支撑作用。生态文化作为一种社会意识形态，能为社会主义生态文明建设提供强大动力支持和智力支持。我国的生态文化思想的核心价值理念是尊重自然、顺应自然、保护生态，让全社会形成人与自然和谐相处的生态价值观。但是要让人们将这种价值观内化于心、外化于行，就需要加强生态文化建设，让人们转变观念。

其次，生态文化能使人们树立社会主义生态价值观。人的生存方式是通过文化体现出来的，人类的一切实践活动都是在价值观的指导下进行的。人与自然的关系是人类凭自身的文化素养来适应自然环境。“政治是骨骼，经济是血肉，文化是灵魂”，所以要从根本上解决生态危机，只依靠行政、法律等政治手段是不够的，必须发挥生态文化的道德教化作用，通过树立社会主义生态价值观，让人们感受到自身对保护生态环境的道德责任和使命感，从而推动新时代中国特色社会主义生态文明建设。

最后，生态文化是构建社会主义和谐社会的重要推动力量。构建社会主义和谐社会是全面建成小康社会的一项重要内容，对处于全面建成小康社会决胜阶段的中国显得尤为重要。中国特色社会主义和谐社会的一个重要特征就是要实现人与人、人与自然、人与社会三对关系的和谐共处。而实现这一目标就必须加强我国生态文明中的生态文化建设。习近平强调，要解决人与自然之间、人与人之间、人与社会之间的矛盾，就必须发挥文化的熏陶、教化与激励作用。通过向人民群众大力宣传生态文化，营造良好的社会氛围，发挥先进文化在生态文明建设过程中凝聚、润滑与整合的作用，从而形成建设生态文明的强大社会力量。

5. 生态民生思想

生态民生思想是习近平生态文明思想的重要内容。余谋昌曾明确提出，“生态文明建设以人与自然的和谐发展为目标，通过人的解放和自然的解放，实现人与自然的生态和解，以及人与人的社会和解，建设人与自然的和谐发展的社会”，即生态文明建设也是全面建成小康社会的内在要求。习近平将以民为本的民生思想和生态文明思想相结合，以优质的生态环境促民生的发展，以民生完善生态文明建设，从而加快生态文明建设的进程和全面小康社会的建成，满足人民对美好生活的需求，即“努力走向生态文明新时代，为人民创造良好的生产生活环境”。

首先，“良好的生态环境是最公平的公共产品，是最普惠的民生福祉。”一方面，良好的生态环境对人民而言是最公平的公共产品，他们拥有同样的空气、同样的水源、同样的阳光，这些都是大家公平共有的资源，是人们生活的必需品，是人们生存和发展的基础，从全局出发，这也关系着中国特色社会主义现代化事业的进程以及中华民族的长久发展。习近平还指出：“环境就是民生，青山就是美丽，蓝天也是幸福。要想保护眼睛一样保护生态环境，像对待生命一样对待生态环境，把不损害生态环境作为发展的底线。”因此，在生态文明建设过程中，要坚持公平性原则，加大对精准扶贫的力度和对欠发达地区且生态脆弱或生态问题严重地区的支持力度，促进区域发展的协调性、社会和生态发展的协调性，实现人与自然的和谐共生。另一方面，良好的生态环境是最普惠的民生福祉，并日益成为人民生活质量的重要增长点。近年来，经常出现的雾霾天气、转基因食品、水污染等生态环境问题，严重危害了人民的生命健康，使人民的生存发展受到严重威胁。人民对优质生态产品和生态服务的需求、绿色健康的生活方式的需求日益增强，生态问题也随之成为民生建设过程中亟须解决的问题之一。所以，必须加强生态环境治理力度，维护好人民的根本利益。

其次，良好的生态环境质量是全面建成小康社会的关键所在。党的十九大报告中明确提出，在全面建成小康社会的决胜期，要加强生态文明建设，实施可持续发展战略，坚决打好污染防治的攻坚战，还在实现“两个一百年”目标的安排中强调，要促进“生态环境根本好转，美丽中国目标基本实现”，使生态文明程度获得全面提升，生态治理体系逐渐完善和生态治理能力逐渐增强，我国人民享有更加幸福安康的生活。要实现党的十九大报告中所说的内容，就必须提高生态环境质量，这是实现全面小康社会的重要资源保障。只有这样，我们国家才叫真正实现了全面小康，即生态小康。

（二）习近平生态文明思想的理论特征

习近平生态文明思想的主要理论来源就是马克思主义生态思想。它在继承马克思主义生态思想的理论品质和特征的基础上，认真研究中国发展过程中出现的生态环境问题，总结经验教训，形成了具有中国特色的生态文明思想，具有自身独特的理论品质和思想特征。

1. 生态文明思想的创新性

创新必定是在已有的理论基础上进行的创新，习近平生态文明思想创新性是在继承性的基础上体现出来的。习近平生态文明思想根植于马克思和恩格斯、列宁生态思想，以及中国共产党人生态文明思想和中国传统优秀生态智慧，继承和发展了马克思主义生态思想；同时习近平结合自身的生态实践经历以及我国现实的生态环境状况和生态文明建设目标，创造性地发展了马克思主义生态思想，丰富了马克思主义生态思想。

首先，习近平生态文明思想继承了马克思主义生态思想。马克思和恩格斯对资本主义发展过程中表现的种种矛盾进行了深入的理论分析，其中有众多部分涉及生态环境问题，形成了二者的生态思想。列宁、中国共产党几代领导人在国家生态文明建设过程中，合理运用马克思和恩格斯生态思想指导生态实践，并结合本国实际生态状况，在具体解决生态问题的过程中，形成了自己的生态思想理论。习近平充分汲取这些生态思想的营养，站在时代的高度，运用马克思主义生态思想理论指导我国生态文明建设，并针对21世纪我国生态环境出现的新问题，提出了很多新论断，在丰富马克思主义生态思想的同时，也使马克思主义生态思想得以创新发展。

其次，习近平的生态文明思想创造性发展了马克思主义生态思想，是马克思主义生态思想中国化的最新理论成果。这主要体现在两个方面。一是习近平生态文明思想中“保护环境就是保护生产力，改善环境就是发展生产力”的这一论断体现了生态环境也是生产力的观点，这是对马克思主义的自然生产力理论的创新性发展。自然生态环境也是生产力发展的重要因素，这一观点的确立进一步促进了生态环境保护与经济发展的协调统一。二是习近平生态文明思想中“保护自然环境就是保护人类，建设生态环境就是造福人类”的这一理念是对恩格斯“两个和解”生态观点的创造性发展，只有正确认识人们生产生活中人与自然的关系，才能实现人与自然的和谐共生。

最后，习近平生态文明思想是中国共产党人生态文明思想在全面深化改革新时代的创新发展成果，体现了中国共产党生态文明思想与时俱进、实事求是的理论品质。

2. 生态文明思想的人民性

习近平的生态文明思想还具有强烈的生态人民性特性。习近平的生态文明思想中蕴含着明显的人文关怀，以及对人的自由全面发展做出了新时代的生态解释。“良好的生态环境是最公平的公共产品，是最普惠的民生福祉”，“环境治理是一个系统工程，必须作为重大民生实事紧紧抓在上”。这些著名论断证明，习近平以中国人民对美好和优质生活的追求作为出发点和落脚点来全面推进我国社会主义生态文明建设。马克思主义认为，人民群众是历史的创造者，历史上的每次革命无一不是由人类来完成的。习近平正是运用并发展了这一历史唯物主义理论，指出人民群众是我国社会主义生态文明建设的实践者、推动者和改革者，同时也是中国特色社会主义生态文明建设成果的享受者和受益者。习近平还根据这一理论在领导政绩考核方面做出调整，将生态文明建设纳入领导考核内容中，改变过去的“唯GDP论”，倡导在关注领导经济成果时，还要关注生态民生成果。据此，习近平还提出以“促进人的全面发展为核心”为目的的“政绩观”和以“统等人与自然和谐发展”为目的的“绿色GDP观”，“共产党人的政绩，就是做得人心、暖人心、稳人心的事，就是解决群众最关心、最迫切需要的问题，就是全面建设小康社会，促进人的全面发展”，其最终价值取向和实践旨归就是“看人民是否真正得到了实惠，人民生活是否真正得到了改善”。

3. 生态文明思想的实践性

习近平生态文明思想的实践性是指从马克思主义实践观的角度来看，习近平在地方工作及执政期间中保护生态环境、重视协调经济发展与生态保护关系实践经历。习近平在当知青时期，为了解决当地缺乏生活能源的问题，倡导并带头实践创建沼气池，并建成了陕西省的第一口沼气池。之后沼气池在陕西得到推广和扩建，这样，陕西省拥有了第一个沼气村。习近平当正定县委书记期间，为了促进正定县经济发展，提出了半城郊型经济发展模式，比如，发挥资源和地理位置建设林果基地，利用西柏坡革命圣地开发正定红色旅游资源等。在福建工作期间，习近平依据“大农业思想”提出在发展林业的同时要兼顾生态效益，还提出“生态省建设”战略，这些为福建省的生态文明建设注入了新的活力。习近平在生态实践中积累了丰富经验教训，并在这一基础上提出，打造“绿色浙江”的目标，以及倡导“绿色

GDP”的生态政绩观。在进入中央之前，习近平已经积累了丰富的生态保护、生态治理经验，并将其生态理念渗透到具体的经济、政治、文化、社会的发展过程中，让国家各方面建设都体现其生态意蕴。

党的十八大以来，习近平总书记把中国特色社会主义战略总布局上升到“五位一体”，并提出了一系列关于生态文明的新观点、新论断。党的十九大更是提出了“加快生态文明体制机制改革，建设美丽中国”的任务，生态文明思想届时已经成为习近平新时代中国特色社会主义思想的重要组成部分，同时还实现了从“生态省”建设到“美丽中国”建设的实践发展过程。而现在，习近平原来开发创建的“正定旅游模式”、浙江“生态省建设”等成功的生态实践为全国很多地区进行生态文明建设提供了重要参考。

三、习近平生态文明思想的当代价值

习近平生态文明思想是习近平新时代中国特色社会主义理论的重要组成部分，对中国特色社会主义现代化建设，尤其是生态文明建设有着重要的意义。习近平生态文明思想的理论价值体现在，它在继承马克思主义生态思想的基础上，创造性地运用马克思主义生态理论来指导中国的生态文明建设，并在这一过程中形成了具有新内容的中国特色社会主义生态文明思想，丰富和发展马克思主义生态思想和中国共产党人的生态文明思想。它更重要的价值体现在实践价值上，习近平本人进行过多次生态实践，并在生态保护和生态治理方面有着丰富的经验，这使习近平的生态文明思想不仅仅具有理论价值，还具有解决中国特色社会主义现代化事业发展过程中出现的生态问题的实践价值。这两者构成了习近平生态文明思想的当代价值。

（一）习近平生态文明思想的理论价值

1. 马克思主义生态思想中国化的最新理论成果

近代以来，没有哪一种学说可以超过马克思主义对中国社会的影响。马克思主义在实现中国化的历程中，马克思主义生态思想的中国化也必定包含其中。新中国成立之初，毛泽东结合我国社会主义建设需要和当时的生态环境状况提出了要正确认识人与自然辩证关系，要合理利用生态资源，要植树造林等生态思想，从理论和实践两个层面推进了马克思主义生态思想中国化。改革开放后，以邓小平同志为核心的第二代中央领导集体倡导发挥科技在生态环境保护中的作用，更是让生态环境保护上升到法制的高度，让生态保护工作有法可依，从而推进了马克思主义生态思想的中国化。以江泽民同志为核心的党的第三代中央领导集体倡导加强生态环境保护的宣传教育，使人民树立保护环境的观念，以此来推动马克思主义生态思想中国化进程。以胡锦涛为总书记的党中央提出通过转变经济发展方式、发展循环经济、健全生态文明制度等路径，推进马克思主义生态文明思想中国化。党的十八大以来，以习近平同志为核心的党中央面对“资源约束趋紧、环境污染严重、生态系统退化的严峻形势”，提出了一系列关于建设生态文明的科学论断，如保护环境就是保护生产力，改善环境就是发展生产力，环境就是民生，实行最严格的生态保护制度等。这表明以习近平同志为核心的党中央“对社会主义生态文明建设及其规律的认识达到了新的历史高度”，并形成了马克思主义生态文明思想中国化的最新理论成果。

2. 丰富和发展了马克思主义生态思想

马克思主义生态思想是我国指导生态文明建设的行动指南。习近平生态文明思想是习近平在运用马克思主义生态思想解决我国资源制约、环境污染、生态破坏等问题的过程中形成的，是马克思主义生态思想在中国生态文明建设过程中的具体运用和创造性的发展。从理论渊源来看，马克思主义生态思想是习近平生态文明思想的理论根基，习近平生态文明思想继承并发展了马克思主义生态思想。比如，习近平生态文明思想主要坚持了马克思主义的生态自然观，即人与自然和谐发展的思想。自然界为人类的生存发展提供了物质前提，若是“没有自然界，……工人就什么也不能创造。”同时人类还是自然界的一部分，“人本身是自然界的产物”，所以人与自然要和谐相处。以习近平同志为核心的党中央是具有强烈生态意识的领导集体，结合我国的生态环境现状，实事求是、与时俱进，创造性地运用马克思主义生态思想，对马克思主义生态思想进行了创新，提出了一系列适应新时代新论断。习近平生态文明思想的形成，深化了人们对生态文明建设规律的认知和把握，发展了马克思主义生态思想，使这一思想更加丰富、完善。

（二）习近平生态文明思想的实践价值

1. 有助于遏制我国生态环境的恶化

我国生态环境的现状是只有局部正在改善，整体还在继续恶化，治理的速度远赶不上恶化的速度，生态环境问题已经严重影响到国家的各方面发展和人民的生产和生活。对此，习近平提出了生态文明建设，生态环境没有替代品，它用之不觉，失之难存。要彻底扭转环境恶化，就必须下定决心彻底改善生态环境，在实践中落实生态文明理念。近几年，各部门积极投入生态环境治理工作中来，可以看到一些治理环境的效果：绿色生产产业链已逐步形成，积极推进节能减排，PM2.5含量有所减弱，空气中的二氧化碳、一氧化硫等污染因子也有所控制，退耕还林、植树造林不断推进，水质、食品安全也加大监管力度。生态文明建设是一个长期工程，短时间内看不出太大的治理效果，需要全国上下继续推进。推进生态文明建设有助于生态环境的改善，遏制生态环境恶化的趋势，让天更蓝、山更翠、水更清，生态环境更美好。让雾霾一去不复返，让市容整洁，健康饮食，健康生活，让人民幸福。在社会主义建设过程中，将习近平的生态文明建设思想融入其中，在实践中积极运用其生态文明建设理念，能有效阻止环境恶化的趋势，为人类创造一个健康美好的生存环境，让生态文明成常态。

2. 有助于全面建成小康社会，建设美丽中国

习近平提出了“生态环境总体质量是建设小康社会是否全面的关键因素”。该论断充分说明了建设生态文明对全面小康至关重要，这是党和人民对良好的、健康的生态环境的迫切需求。全面建设小康社会的总体目标涉及方方面面，包括实现民主政治、先进文化、市场经济、生态文明、和谐社会、人的全面发展，最终实现共同富裕。所以，生态环境的改善是全面实现小康社会的最小“短板”，可见，建设生态文明有助于全面建成小康社会。建设美丽中国是生态文明建设中所追求的目标，具体地说就是建设一个宜居的生态环境，满足人民的物质需求和精神需求，构建人与自然和谐相处，共同发展，实现“天人合一”的最高境界。建设美丽中国要注重生态文明建设，自觉处理好人与自然的关系，树立尊重自然、顺应自然、保护自然的生态文明理念，要对自然有敬畏之心。要看到自然的原生态之美和利用科技创新打造的时代之美、社会之美。努力打造人民群众追求的山清水秀、绿意盎然、生机勃勃的生态环境，满足人民的生态需求和环境需求，也是为子孙后代创建的“绿色家园”。人民需要小康，而实现小康就必须全面深化生态文明改革，使生态文明建设与全面改革协同发展，共同建设美丽中国，实现中国梦。

3. 有助于推动建立共商、共建、共享的美丽世界

当代生态环境问题已经是地区性、全球性的问题，比如大气污染、海洋污染、臭氧层空洞等等，这些问题已经渗入各国的政治、经济、社会生活中，甚至还影响到各国国家利益和国际间的合作，这就使生态环境保护和治理逐渐超越一国范围，各国必须寻求国际交流与合作。我国作为世界上最大的发展中国家和联合国五大常

任理事国之一，主动承担起自己的责任，加强与世界各国及国际组织间在生态环境保护和治理方面的交流与合作，促进我国生态文明建设，同时也向世界各国阐述自己的生态文明主张，寻求共同的环保理念，担负起我国应该承担的国际责任，树立起中国负责的社会主义大国形象。

习近平提出的“构建人类命运共同体”的观点同样适用于全球生态文明建设。中国秉着共商、共建、共享的全球生态治理观，支持全球生态环境的保护和治理，倡导国际间加强合作，共同保护地球。生态环境问题已无边界、国界之分，世界各国人民共同生活在同一个地球上，地球只有一个，它是我们共同的家园。习近平的生态保护意识和环保观念体现了中国高度的世界主义情怀，彰显了中国负责任的良好大国形象。习近平还代表中国做出承诺：“中国将继续承担应尽的国际义务，同世界各国深入开展生态文明领域的交流合作，推动成果分享，携手共建生态良好的地球美好家园。”习近平在全国生态环境保护大会指出，新时代进行生态文明建设，必须世界各国一同“共谋全球生态文明建设，深度参与全球环境治理，形成世界环境保护和可持续发展的解决方案，引导应对气候变化国际合作”。习近平生态文明思想不仅有助于推动建立共商、共享、共建的美丽世界，还为世界其他国家的生态环境治理和保护提供借鉴和参考。

第三章 全球化视野下的生态文明建设

第一节　全球化时代的生态问题

从全球化的视野来审视生态问题，我们会发现生态问题具有更加丰富的内涵。全球化的历史进程是资本主义推动的现代大工业在全球范围内不断扩展的过程，在这一过程中资本主义不合理的社会制度引发了严重的生态问题，现代社会的组织结构使问题错综复杂，而全球化更是将错综复杂的生态问题及其与政治、经济、社会、文化各个方面之间错综复杂的影响作用推到了全人类的面前。在全球化时代应对生态问题，需要我们全面且深入地认识生态问题，统筹考虑它所涉及的方方面面。而透视全球化进程中的种种表象，不难发现资本主义制度是生态问题的最终根源，只有社会主义制度，只有新时代生态文明建设，才能够彻底解决生态问题，才能真正实现人与自然的和谐共生。

一、全球化的内涵

全球化是人类社会发展进步的产物。作为一种社会现象，全球化的历史进程十分复杂且仍旧处于不断的发展变化之中，我们可以从民族国家发展、世界经济发展、国家关系和世界体系建设、思想文化交流以及社会结构变革等不同的专业角度去刻画全球化，不一而足。多数学者赞同将全球化的时间起点上溯到公元15世纪新航路的开辟。历史学家曾宣称：“这一时期的地理大发现揭示了新大陆的存在，从而预示了世界历史的全球阶段的来临。”经济学家则指出：“美洲的发现给欧洲各种商品开辟了一个无穷的新市场，因而就有机会实行新的分工和提供新的技术，而在以前通商范围狭窄，大部分产品缺少市场的时候，这是绝不会有的现象。”全球范围的人口大迁徙改变了种族的世界分布，洲际贸易在编织世界经济网络的同时，更推动了大规模国际分工的形成。欧洲凭借自己在这一过程中的领先地位而迅速崛起，葡萄牙、西班牙、荷兰、英国等国家先后取得霸权，它们在海洋与大陆上进行殖民扩张，建立并不断完善近代国际政治体系。而伴随着商品贸易的发展，东西方不同文明的思想文化碰撞交汇，西方社会的基本结构与生活方式作为现代文明的光辉范例被传播到了世界的各个角落。在过去的500年中，世界各地的民族、国家都使用各种方式被卷入了全球化的历史进程之中，从孤立走向联合，从封闭走向开放，从形态各异的传统社会走向现代社会。

马克思没有使用过“全球化”这一术语，但他已经深刻地体察到，全球化的历史进程本质上就是资本主义全球扩张的过程。《共产党宣言》指出：“美洲和环绕非洲的航路的发现，给新兴的资产阶级开辟了新的活动场所。……资产阶级既然榨取全世界的市场，这就使一切国家的生产和消费都成为世界性的了。……过去那种地方的和民族的闭关自守和自给自足状态已经消逝，现在取而代之的已经是各个民族各方面互相往来和各方面互相依赖了。”残暴血腥的殖民掠夺为西方资本主义的发展提供了丰厚的物质基础，规模巨大的洲际远程贸易开启了世界市场的初级形态，而在此基础上逐步发展起来的资本主义大工业作为经济活动中的基本生产方式，反之，来不断促进人类社会的紧密联合，成为推动全球化的核心力量。在这些经济因素的决定作用之下，全球化过程中的政治体系与社会变革都被打上了资本主义的烙印，人类文明的新秩序将要按照资本主义的逻辑来重新安排；在资产阶级“使乡村依赖于城市”“使野蛮的和半开化的国家依赖于文明国家”“使农民的民族依赖于资产阶级的民族”“使东方依赖于西方”的征服之路上，它迫使一切民族都在唯恐灭亡的忧惧之下采用资产阶级的生产方式，在自己那里推行所谓的文明制度，也就是说，变成资产者。简而言之，它按照自己的形象，为自己创造出一个世界。

第二次世界大战之后，资本主义扩张所打造的世界殖民体系土崩瓦解，全球化进程进入一个崭新的历史阶段。以苏联为首的社会主义国家阵营和以美国为首的资本主义国家阵营在意识形态、社会制度、国家利益等各个方面的对峙将世界割裂开来，俨然形成了两个互不交通的平行世界，国际贸易、经济分工、人员流动、文化交往等活动都受到了很大的限制，全球化进程一度发展迟缓。区域一体化的发展是这一阶段全球化发展的主要表现。一方面，社会主义国家，包括绝大多数的原殖民地及半殖民地国家，在取得政治独立之后，却发现西方发达资本主义国家在世界政治经济格局中仍然占据着支配地位，而自己仍然面对着经济发展、社会进步的难题，在困境中它们尝试互帮互助，经互会、不结盟运动、东南亚国家联盟应运而生。另一方面，资本主义国家内部的社会联合取得了突破性进展。在欧洲，1952年，欧洲煤钢共同体成立；1967年，欧洲共同体正式成立；1993年，欧盟正式诞生。在亚洲，以日本为首，以韩国、新加坡等国家为翼的“雁阵模式”使得相关各国的经济生产活动紧密联系、彼此依存，合理有序地分工协作，最终帮助它们实现了经济腾飞和社会进步。等到中国改革开放、“冷战”格局瓦解，市场经济成为世界经济运行的统一规则，各国的发展你中有我、我中有你，全球化加速推进中的人类社会逐步发展成一个互利共赢的有机统一体。

凡此种种的社会历史现象触发了学者们对全球化的新思考：剥离开意识形态的因素，全球化其实就是世界范围内不同社会之间的沟通交流。无论是选择资本主义道路，还是选择社会主义道路，想要推动社会发展、实现民族富强，大家就都要且也只能在全球化的历史进程中分工合作，积极追求在原料、生产、金融、信息等领域内资源的优化配置，以更高的效率创造更多的物质财富。当人们将民族国家发展的总体目标概括为“现代化”时，全球化其实也就是现代社会在世界范围内的扩展——英国国际政治学者伯顿提出“世界社会”才是研究全球化的基本单位；社会学家吉登斯则认为，“现代性正在内在地经历着全球化的过程，这在现代制度的大多数基本特性方面……表现得很明显”。

全球化，其本质就是资本主义以现代工业社会的形态在全球范围内的扩展。现代化建设是当代人类社会发展所面对的历史性课题，每一个国家、每一个民族都要对此做出回应。但我们必须看到，现代社会本身就是资本主义发展到一定阶段的产物，以现代化作为全球化的核心要义，仍不能否认全球化的资本主义属性。关于落后国家的现代化问题，马克思和恩格斯早有判断，“资产阶级还是挖掉了工业脚下的民族基础。旧的民族工业部门被消灭了，并且每天都还在被消灭着。它们被新的工业部门排挤掉了，因为建立新的工业部门已经成为一切文明民族的生命攸关的问题”。正是资本主义用经济、政治甚至军事等各种手段向世界各地的传统社会提出了现代化转型的考验；正是资本主义推动着现代社会在全球扩散开来；同时也正是资本主义阻碍着广大发展中国家的现代化建设、阻碍着全球化进程的健康发展。社会主义国家的建立、社会主义现代化道路的开辟正是对资本主义的反抗，但从根本上说，社会主义本身也是从资本主义的内部矛盾中发展演变而来的。“冷战”的结束虽然缓和了意识形态的对立，但不同社会制度之间的竞争仍旧存在，不同国家核心利益的矛盾仍旧存在。总之，“现代化”的概念掩盖不了资本主义的问题。

当下的全球化进程仍是以资本主义大工业为核心力量，在无视各国社会经济发展水平不平衡的现实条件下片面推崇世界范围内的自由竞争（即新自由主义），结果使西方发达资本主义国家轻而易举地占据了全球化进程的主导地位，形成了不合理的国际政治经济格局，以致和平、发展这两大世界主题都迟迟得不到解决。这种情况揭示了“全球化”概念与其资本主义实现手段之间所蕴藏的本质性的矛盾：资本主义推动着人类社会的现代化进程，资本主义国家却在这一历史进程中利用自己的主导地位攫取了大部分的利益，反而使落后国家因为在全球经济分工中的低端位置而迟迟得不到发展。在某些特定情况下，全球化甚至变成了发达国家剥削发展中国家的利器。国际社会中的很多矛盾冲突，其必然性都导源于此，也难怪反全球化的声音此起彼伏。如何破解这一矛盾，是发展中国家在现代化道路上所要面对的重大考验，更是人类社会发展进步所要面对的重大考验。

二、全球化背景下的生态问题

生态问题是指人类的生产生活破坏了自然环境的生态平衡，导致生态系统功能失调，造成水土流失、土地荒漠化、气候变化、生物多样性减少等诸多的环境问题，严重时将会影响人类自身的生存发展。人是自然的一部分，人类认识自然并通过自己的辛勤劳动改造自然，最终实现人类社会的发展进步，这原本可以是一个顺畅和谐的历史过程。在人类长达数千年的农耕文明时期，人与自然的关系大体上都是融洽的，农业生产活动依赖于土壤、水源、光热等自然条件，虽然也存在过度开垦造成的生态问题，但基于生产力水平的限制，生态问题本身也并不严重，而且基本上都是局部性的。人们总是能够探索出与自然和谐相处的生产方式，总是能够找到在自然面前人类力所不及的边界，而一旦与自然磨合成功，农耕文明就能落地生根，长久发展，如西亚两河流域文明、尼罗河文明、印度河文明、中华文明等灿烂的古代文明其实都是优越自然资源的恩赐。然而到了近代，人与自然的这种和谐关系被资本主义的生产方式破坏了；“生产力在其发展的过程中达到这样的阶段，在这个阶段上产生出来的生产力和交往手段在现存关系下只能带来灾难，这种生产力已经不是生产的力量，而是破坏的力量。”工业革命带来的巨大力量滋长着“人类中心主义”的错误思想，疯狂追求利润的资本主义根本无视大工业对生态环境的破坏。当顺从自然变成了蔑视自然，当改造自然变成了掠夺自然，生态问题就在这里开始酝酿，从轻微到严重，从局部走向全球。

资本主义在经济、政治、文化、社会等领域的突破发展缔造了今天的现代大工业社会，而在错综复杂的现代社会结构之下，生态问题本身也变得更加复杂，更加棘手。现代大工业社会的生产力进步是以科学技术进步为支撑的，当科技进步发展到信息化阶段时，信息科学技术可以使我们将物质世界抽象化、信息化。我们可以在抽象的信息网络上认识世界、改造世界，而无须直接面对现实世界，这种事实脱离化的现象为社会发展带来了好处，同时也蕴藏着极大的风险。现实世界的信息化将时间与空间分割开来，这种时空的分离就很有可能造成信息错误的反事实问题，比如杂志《纽约客》在1993年7月5日刊登的那幅著名的漫画，“在互联网上，没人知道你是一条狗”。信息网络关系的构建则将可能存在的信息错误、设计漏洞、理论偏差、技术缺陷等问题无限放大，以至于任何一个初始信息都有可能成为现代社会系统中的风暴眼。这是信息化条件下现代社会的结构性问题，同时却能以技术问题的形式将资本主义的破坏力量延展开来，使即使社会主义国家也必须面对它的风险考验。社会主义国家接受了现代化的任务，就要面对资本主义在现代社会构建中埋下的风险，稍有不慎，社会主义现代化建设就会麻烦缠身。

初始条件下任何微小的变化都有可能带动整个系统的长期的、巨大的连锁反应，这是我们在现代社会条件下解决各种问题都要面对的特殊困难，并且这些困难对资本主义和社会主义一视同仁。在生态问题领域，美国麻省理工学院气象学家爱德华·洛伦兹的“蝴蝶效应”理论生动形象地指明了这种结构性传导机制在自然环境中的灾难性影响：一只亚马孙河流域热带雨林中的蝴蝶扇动几下翅膀，两周后就可能导致美国得克萨斯州一场巨大的龙卷风。而当生态环境中的复杂机制与现代社会中的复杂机制狭路相逢时，应对生态危机也就变成了一项涉及方方面面的系统性工程，结果反而使环境问题变成了考验现代社会的一块试金石：“生态问题所揭示的正是，现代文明在多大程度上已经开始依靠控制的扩大以及经济进步作为遏制出现生活基本存在困境的手段。”

现代社会的全球化拓展使生态问题的复杂程度呈指数级暴涨，生态问题日益严重，环境治理日益艰难，这本身也是全球化进程的负面影响之一。全球规模的大工业生产对生态环境所造成的破坏远远超出了原本孤立发展的局部生产方式所造成的生态问题的总和。从第一次工业革命到第二次世界大战，这期间人类社会的生产力水平显著提升，全球化程度不断提高，生态问题随之也愈加严重，并且真正成为全球性的问题。更为重要的是，不合理的世界政治经济格局始终阻碍着生态问题的解决。西方发达资本主义国家在完成本国工业化之后开始向外输出污染，而广大发展中国家为了本国社会发展也只能被动接受。半个世纪以来这种局面在发达国家主导的国际格局下几乎从未改变。近些年，生态问题成为全球议题之后，发达国家又倚仗在金融、技术等方面的优势地位借题发挥，结果诸如气候变化、海平面上升等迫在眉睫的生态问题，非但没能得到有效缓解，受到灾害威胁的发展中国家反而遭到了发达国家的经济盘剥，处境更是雪上加霜。

从全球化的视野来看待生态问题，一方面，生态问题是全球性问题，全球化进程激发着更多的生态问题并阻碍着问题的彻底解决；另一方面，只有从全球化的视野出发去理解生态问题，只有在全球化的层面上去寻求应对之策，才有可能真正解决好生态问题。从全球化的视野来理解问题，意味着我们要立足于人类社会整体发展的历史进程，综合考虑经济、政治、社会、文化等多方面因素的相互影响和相互制约，关注社会现实发展的最新动向，在此基础上发现问题，判断问题的本质，并寻求妥善方法来解决问题。由此可见，我们说生态问题在全球化进程中扮演的角色越来越重要，它的含义也变得越来越复杂：生态问题不仅仅是环境问题，它更是经济问题，是国际政治问题，是社会文化问题，甚至还涉及了意识形态方面的问题。

三、从全球变暖案例透视生态问题的全球性影响

气候变暖问题是指人类在生产生活中大量焚烧煤炭、石油等化工燃料，排放大量的二氧化碳等温室气体，同时森林等绿色植被遭到严重破坏，导致大气中温室气体含量升高，而温室气体越多，被截留的地表辐射热量就越多，最终导致全球气候变暖。气候变暖将会造成极地冰川以及高原冻土开始融化，影响到全世界范围内的降水分布，造成海平面上升，并进一步演变成厄尔尼诺现象、拉尼娜现象等更多的气候异常问题。这些灾难性的后果不仅会改变生态平衡，更会威胁到人类社会的生存发展。应对危机需要人类减少二氧化碳排放量，这就需要我们应用新技术来提高能源使用效率，开发使用新的清洁能源，但这首先就要冲击到石油资源大国以及大型石化公司的利益，而在当今市场经济的条件下，要应用新技术、开发新能源又必须依靠他们的支持。看看美国页岩气革命的下场就知道他们的态度如何了：2014年底至2015年初，世界原油期货价格暴跌，业者一度估计美国1/3的页岩气产业将被低

油价击垮，而石油行业对页岩气的打压才刚刚开始。且不说页岩气有多环保，但它实实在在触及了石油在世界能源结构中的地位，自然其罪当诛。生态问题是资本主义大工业生产方式造成的问题，改变工业生产方式中的任何一环都必然要涉及方方面面的利益，而资本主义的逐利性质决定了任何一个环节上的既得利益者都不会轻易让步，哪怕是以生态之名，哪怕是以人类生存发展的共同利益之名——撼山易，撼资本主义利益难。

经济基础决定上层建筑，利益之争必然要反映到政治层面上来。

早有学者研究全球变暖与国际政治之间的关系，吉登斯的《气候变化的政治》、大卫·希尔曼的《气候变化的挑战与民主的失灵》等著作表明社会风险管理、资源配置中的国家干预、绿色运动、政治协作、民主改革、自由主义与威权主义等政治议题，都与气候问题紧密联系在一起。这里我们仅举联合国气候大会一例。自1979年世界气候大会在瑞士日内瓦召开以来，国际社会关注气候变化问题已有30余年，结果却是美国退出了约定减少碳排放的《京都议定书》，反而要求中国、印度等发展中国家在减排指标上与其“共进共退”，其他西方工业大国对发展中国家的资金帮助与技术支持也迟迟没有进展，大家都在强调自己的领导地位，同时却一味地要求发展中国家承担节能减排的责任。显而易见，碳排放的背后是工业的发展，是以现代大工业为基础的社会进步事业，是一个民族、一个国家的发展战略，因而最终是国家利益。试想西方资本主义大国自第一次工业革命以来排放了多少温室气体？它们在实现工业化之后尚且不愿意减少碳排放，在现代化道路上艰难前行的发展中国家怎么做出让步，又哪里存在让步的余地？联合国气候大会已然成为发展中国家与发达国家之间国际政治斗争的舞台，这场斗争仍将持续下去。

生态问题是人类社会共同面对的课题，但并非孤立于社会现实条件之外。就单个社会来说，现代社会的复杂性使得生态环境问题更加棘手，因为在现代社会的整体背景下，生态问题与其他社会问题相互勾连，往往牵一发而动全身，所以减少碳排放就需要淘汰落后产能实现产业升级，运用新技术就意味着加大科研扶持力度，这些工作将进一步涉及社会就业问题、教育问题、财政税收问题，如此等等，不胜枚举。现在我国正视生态问题，以解决生态问题为抓手来推动生产力进步，转变生产方式，建成生态友好型、资源节约型社会，最终实现生态文明，这一系列的过程本身就是社会进步的过程。而从全球化的视野来看，世界各国的社会发展处在各自不同的历史阶段，自然、历史、社会、文化等诸多条件都不尽相同，因而在生态问题面前，大家的现实利益也不可能完全一致。西方发达国家已经实现了社会的现代化建设并逐渐步入后工业化社会，金融业、服务业等“零排放行业”已经可以作为经济发展的支柱，这与广大发展中国家所面对的情况完全不同：人口爆炸急需就业岗位，解决就业需要劳动密集型产业；产业结构单一，只能依赖高污染行业；缺乏资金积累无法购置先进设备；教育滞后导致科学技术落后；传统文化观念对环保标准存在理解认同的差异……所以，解决生态问题必须实事求是，必须立足于社会现实统筹考虑，必须在不同国家社会之间区别对待。

立足社会现实，就要求我们具体问题具体分析，不能将环保问题意识形态化。在近半个世纪的公众宣传与思想教育中保护环境成为社会共识，但生态问题已然形成了自己的意识形态阵线，成为一种“政治问题”。发达国家可以挥舞环保大棒在国际贸易中制定苛刻的规则标准，社会媒体可以以环保之名占领道德高地垄断话语权，绿党可以为了碧水青山田园诗而否定政府任何推动经济增长的方针政策，无政府的环保组织可以肆无忌惮地绑架民意堵塞交通甚至制造海上事故，别有用心之人更是假借环保造谣诈骗大发不义之财……种种乱象层出不穷。还是以气候变暖问题为例，我们在减少石油、煤炭的燃烧的同时仍需更多的能源供应来支持社会发展，核电就是可供选择的清洁能源之一。而核电技术要求比较高，一旦发生事故后果也很严重，公众出于安全考虑可能对核电建设持有抵触情绪，这完全可以理解。但工农业生产与普通居民生活对电力的需求总要满足，享受成果却不承担风险，以邻为壑又何以为邻？保护环境固然重要，但生态问题的解决是一个复杂的社会工程，我们必须面对现实真抓实干，而绝不能将其抽象化、意识形态化。生态问题是与经济、政治、社会、文化等各个方面息息相关的，但它本身仍旧只是自然环境方面的问题，解决生态问题仍旧需要我们立足现实，从生态环境方面具体入手。将生态问题意识形态化无益于环境保护，结果只会南辕北辙、误入歧途，最终阻碍社会的发展。

全球化时代的生态问题日趋复杂，但我们也要看到事情积极的一面，仍有理由让我们持有一种积极乐观的理性态度。首先，生态危机在成为全球性难题的同时，本身也在激发着人们的全球意识，气候变暖、生物多样性锐减、土地荒漠化、核辐射威胁等问题都超越了国界的限制，在这些问题面前，人类社会就是一个整体，我们必须团结一致。其次，生态问题的解决，根本上要依赖社会进步，要依赖生产力水平的提高与生产方式的优化，而这个过程就需要全球化的深入发展，我们不能因噎废食，以局部问题否定整体进步。再次，生态环境的承受能力构成了对现代性无限深化，亦即对资本主义无限扩张的物质限制，而全球化则以扩大化的方式将生态环境对资本主义现代性的底线抖搂出来。正面生态问题、转变生产方式、建设生态文明已经是人类社会发展进步紧要的时代课题，生态问题倒逼社会改革，生态问题推动社会进步，这本身就是全球化历史进程不可或缺的一部分。最后，自1972年瑞典斯德哥尔摩召开第一届国际环保大会——联合国人类环境会议以来，全球治理已经成为人类应对生态问题的基本共识。各国政府在与生态环境相关的法律法规、机构设置、工程建设、科技交流等方面展开了广泛的合作，虽然在具体过程中尚有种种矛盾，但努力不容否定，进步不容否定，因为全球化的生态问题最终也只能在全球化的协作共赢中得到解决。

总而言之，全球化视野中的生态问题绝非简单的环境保护问题，它是人类社会的发展问题。这就提醒着我们，解决生态问题，根本上是要处理好人类社会发展道路的问题。资本主义的发展道路是生态问题产生的根本原因，生态问题又构成了对人类社会生存发展的条件限制。因此，只有社会主义道路才是人类社会发展的正途，只有新时代生态文明建设才能彻底解决生态问题，这也正是全球化视野中新时代生态文明建设的根本意义。

第二节　全球化视野下的资本主义生态问题

生态问题的根源在资本主义，从全球化视野来审视新时代生态文明，我们需要分析资本主义生态文明道路的成败得失。资本主义大工业的生产方式将生态问题推向了全球，资本主义国家首先面对着生态文明建设的重任，回顾这段历史，其中的实践经验值得我国开展新时代生态文明建设认真学习，而资本主义失败的历史必然性更论证了新时代生态文明建设的全球性意义。

一、资本主义发展与生态环境破坏

在18世纪后半叶的英国，资本主义政治经济的快速发展刺激着生产力水平的进一步提高，一项项科学技术发明在巨大的市场刺激下喷涌而出：哈格里夫斯发明了珍妮纺纱机；海斯发明了水力纺纱机；克隆普顿发明了骡机；瓦特发明了蒸汽机……工业革命就这样如火如荼地开始了。马克思和恩格斯盛赞工业革命带来的巨大力量，认为“资产阶级争得自己的阶级统治地位还不到一百年，它所造成的生产力却比过去世世代代总共造成的生产力还要大，还要多”。除了生产力水平提高之外，工业革命还改变了社会生产的组织形式，大工厂的集中模式促进了人口的集聚，城市的崛起引发了社会结构的变动和政治管理的变革，日新月异的社会景象则给人们的生活方式和思想观念带来了巨大改变。一言以蔽之，工业革命将人类社会从农业文明的传统社会推进到了工业文明的现代社会。

科技进步的伟力时常使人产生轻蔑自然的思想，一切以人类利益为出发点和归宿的“人类中心主义”思想慢慢发酵，再加上资本主义片面追求利润最大化的狭隘本质，人与自然的关系逐渐恶化，生态环境在现代社会的建设过程中遭到了极大破坏。有学者将工业革命以来的生态恶化过程分为四个阶段：第一阶段是“18世纪末至20世纪初人类社会发展与自然冲突的开端”，期间大气污染、重金属水污染等问题还只是局部性的生态破坏问题；第二阶段是“20世纪20—40年代人与自然冲突的拓展”，局部的环境污染开始向全球扩散，自然生态系统失衡并开始出现生态灾害；第三阶段是“20世纪50—70年代人与自然冲突的加剧”，环境破坏问题愈加复杂，各种生态问题相互影响，生物多样性遭到破坏；第四阶段是“20世纪70年代至今人与自然冲突大规模爆发”，生态问题正式成为全球课题，地球生态系统遭到全面破坏。或许还可以对这里的具体分期以及不同分期中生态问题的发展形势持有不同的看法，但可以肯定的是，资本主义大工业200多年的发展非但没能减缓人与自然的矛盾对立，反而将生态问题演变成了需要全人类共同面对的重大问题。

西方资本主义国家自身也深受其害。1892年德国汉堡水污染诱发霍乱的流行；1930年，比利时的马斯河谷烟雾事件；1930年开始并持续近10年的美国的黑色风暴事件；1952年，伦敦烟雾事件；1955年发生直至1977年才被消解的日本富山县痛痛病事件……工业污染在破坏环境的同时更威胁着人类的生命健康，这些公害事件的发生使人们再也无法忽视环境保护的问题了。1962年，蕾切尔·卡逊的《寂静的春天》一书的出版引起了广泛的关注，社会大众的环境保护意识开始觉醒。1972年，罗马俱乐部的研究报告《增长的极限》则将对生态问题的担忧发展成了“生态危机论”，进一步强化了社会的环境保护意识。也正是从20世纪六七十年代开始，群众性的环境保护运动在西方国家兴起，市民通过投诉、游行、集会、示威等方式表达自己对生态环境的关切，“绿色和平组织”“地球之友”“未来绿色运动”等各种非政府组织应运而生，并不断发展壮大，而绿党政治的出现最终将社会民众的环保呼声带入到了国家政治的运行轨道。

现代社会中的生态问题日渐复杂，环境保护工作经常需要跨领域、跨区域的配合，生态治理已然成为一项需要统一规划的系统性工程。相应地，各国政府开始制定关于经济增长、资源利用与生态保护相协调的长期发展政策，相继制定并完善有关法律、法规，加大资金投入，加强环保科技的研发与应用，重视规划管理，展开改善环境、治理污染的专项工程，这样多管齐下才能收到成效。在全球化大背景下，展开国际对话、寻求国际协作也成为应对生态危机的重要手段。1972年，斯德哥尔摩联合国人类环境会议的召开是西方国家认真应对生态问题的一个重要的节点。在这一系列努力的推动之下，西方国家的生态环境建设取得了可喜的成绩，其中有很多具体的方法措施都值得我们学习借鉴。

二、发达资本主义国家生态环境改善的原因及其启示

（一）发达资本主义国家生态环境改善的原因

资本主义发达国家经过200多年的工业化发展，创造了空前巨大的生产力，积累了空前的社会物质财富，这就使其在环境保护方面具有较大的经济实力，有着充足的资金支持和物质保障。另外，环境科学的产生和发展，促进了资本主义发达国家的民众生态意识的提高，民间生态运动风起云涌，要求政府采取措施保护环境，要求企业在生产过程中控制污染，迫于压力，政府就不得不加强环境保护。我们应该清醒地认识到，少数欧美发达国家环境改善、生态文明程度较高的根本原因并不在于资本主义制度，而在于限制和转移资本主义的反生态性。为了能够继续维持资本运行和增值，资本主义工业大国在加强环境法制建设、环境监管、发展生态技术等方面花费大量资金。这些举措使一度相当严重的环境问题有了一定程度的缓解。

以美国为例。美洲大陆原本是一片土地肥沃、物产丰饶的土地，是19世纪中叶开始的第二次工业革命改变了那里的生态环境。在由乡村到城市的社会转型过程中，在极具殖民色彩的西进运动中，资本主义大工业无情地破坏着森林、矿产、土地、野生动植物等自然资源，采矿业、煤炭工业、钢铁工业、石油化学工业等高污染、高能耗的产业迅速发展起来，尽管美国的工业总产值在1894年跃居世界首位，但取得这一辉煌成就的同时也造成了空气污染、水污染、土地荒漠化、生物多样性锐减等严重的生态问题。第二次世界大战后的美国仍然大力奉行着资本主义“消费至上”的社会生活方式，人们对自然资源的开发掠夺有增无减，加上社会复杂程度的不断深化，生态问题与诸多社会问题相互影响，大自然对美国社会的报复也日益频繁，其中1952年、1955年两次严重的洛杉矶光化学烟雾事件就是典例。

在这些自然灾害面前，美国政府与民众一直努力应对生态危机，改善自然环

境。早在美国建国初期就有社会人士关注环保问题了，200年来保护环境的呼吁从未在美国社会断绝过。当时包括美国第三任总统托马斯·杰斐逊、作家亨利·梭罗、林学家吉福特·平肖在内的社会精英及时意识到了工业生产对生态环境的破坏，他们积极行动表达自己的担忧，并在力所能及的范围内竭力保护自然。只是在很长一段时间内环境保护的意识一直局限于知识分子阶层，广大民众在生计压迫之下仍旧屈从于资本主义大工业的生产方式，致富成功的美国梦只会让人们更加疯狂地掠夺自然资源。这种情况一直持续到20世纪60年代，当时的美国已经成为世界最大的污染源国家，而日益扩大的中产阶级在已经获得充分的物质生活保障的同时，也提出了对健康生活环境的进一步要求，社会公众的生态保护意识就这样觉醒了。生态学者们著书立说，社会舆论大加宣称，各类非政府组织如雨后春笋般纷纷涌现，它们利用自身的影响力切实减缓了社会生产对自然环境的破坏。这样的社会氛围也激励着普通民众广泛参与到生态环境的保护活动之中，例如在1970年4月22日，约有2 000万民众在全美国各大城市同时举行游行集会，通过演讲、植树、清理垃圾等活动来表达自己对生态环境的关注。这一活动引发了世界各国对生态环境的重视，推动了各国环保机构的建设与相关立法的发展，每年的这一天也被定为“世界地球日”。总之，社会公众的生态保护意识是美国社会解决环境问题的重要基础和推动力量，各种非政府组织与环境运动在保护生态环境、应对生态危机的过程中发挥着自己不可替代的作用。

民众的积极努力迫使政府重视生态环境问题。20世纪初，西奥多·罗斯福总统的任期开始，美国联邦政府就开始了资源保护与生态建设的工作，开垦局、森林局、内陆水道管理委员会等一系列资源保护机构相继成立，《开垦法》《紧急资源保护工程法案》《农业调整法》《泰勒放牧法》等有关法律法规也在此后逐一颁布。在这场针对环保问题持续百余年的行政立法工作中，最有历史意义的成果当属1969年通过的《国家环境政策法》和1970年设立的环保局，二者至今仍是美国政府处理生态问题的基本支柱。在处理具体事项时，美国政府也能够就生态问题、就业问题、产业升级问题等方面做出综合考虑，利用国家力量引导经济发展，这在一定程度上克服了资本主义制度的弊端。在大萧条时期总统富兰克林·罗斯福推动组建了民间资源保护队，由政府出资雇用失业人员植树造林、防治病虫害并保护野生动植物，这一举措既解决了部分民众的经济困难问题，又改善了生态环境，有效抵御了当时正肆虐成灾的沙尘暴天气。田纳西河流域的综合治理更是国家干预政策发挥作用的成功范例，面对森林资源破坏、水土流失严重、经济发展滞后等诸多问题，美国政府成立了田纳西河流域管理局，进行科学的规划管理，统一调配辖域内的各种资源，兴修水利、防洪通航、发展水电，并依托电力资源拓展产业链，实现了社会发展与环境保护的“双赢”。

市场调节和科学技术同样是美国应对生态问题的重要手段，是对政府主导工作的支持和补充。生态补偿制度就是在政府主导下，依靠市场经济灵活处理生态问题的一项重要制度，例如在农业领域，政府先后制定了1956年的《美国农业法案》《1996年农业法》《2002年农场安全与农村投资法案》等有关生态补偿的法律法规，主持实施了“土地保持计划”“耕地保护性储备计划”等具体方案。根据市场上农产品价格及土地交易价格的波动情况为生产者提供政策及财税方面的支持，结合各地不同的生态环境条件制定不同的赔付机制，引导利益相关的各方在生产交易活动中解决好耕地保护、防治水土流失和土地荒漠化等生态问题。而在工业领域，“工业生态学”的概念正在指导着美国工业生产方式的转变。自1996年美国第一个生态工业园开始运行以来，政府部门与工厂公司一直携手合作，试图探索出一条兼顾效率、利润与环保的工业生产方式。加大科研教育投入，积极应用节能环保技术，通过产业链拓展实现资源循环利用等措施是生态工业园的基本特征。园区的建设讲究因地制宜，结合选址的自然条件与原有的产业基础，制定切实可行的发展规划。例如，弗吉尼亚州的查尔斯园区利用自身的港口区位条件打造产业集群，更注重经济发展以解决社会就业问题；田纳西州的查塔努加园区则发挥生物能源方面的优势，更加侧重治理污染以恢复生态平衡。

（二）发达资本主义国家生态环境建设的启示

总结一下，美国的生态环境建设为我们提供了很多的宝贵经验：其一，人民群众的首创精神不容忽视，他们是实现社会变革的决定性力量，群众生态意识的宣传培养可以为我们展开新时代生态文明建设营造有利的社会氛围，社会公众的环境保护运动以及关注环境保护的非政府组织的发展壮大同样是推动生态文明建设的重要力量；其二，在生态文明建设的过程中，政府干预的主导作用是真正解决问题的决定性因素，制定法律法规，设置专职机构，加强监督管理，开展专项工程，行政力量在治理环境污染、改善生态环境方面大有可为；其三，在政府主导的框架下灵活运用市场经济对资源配置的调节作用，引导、吸纳社会经济力量加入生态文明建设中来，只要制度合理、政策合理，现代化的社会生产方式同样可以为新时代生态文明建设添砖加瓦；其四，加大科研教育投入，积极推广先进科学技术，合理规划工业生产，加强不同行业之间的分工合作，推动产业升级，解决现代大工业对生态环境的破坏问题，需要我们深入到生产一线，需要我们创新生产方式，需要我们持之以恒的努力；其五，在具体的工作过程中，坚持一切从实际出发、实事求是，因时制宜、因地制宜，具体问题具体分析，既要目标明确有针对性，又要统筹全局处理好生态问题所涉及的各个方面。总之，在立足现实的基础上充分发挥主观能动性，我们就能够处理好生态破坏问题，就能够搞好新时代生态文明建设。

三、资本主义不可能实现真正意义上的生态文明

社会主义社会作为根本对立并超越资本主义的更高级的社会形态，根本立足于历史唯物主义所揭示的社会发展必然趋势。资本主义与生态系统有着不可调和的矛盾，它自身的运行和发展违背了生态文明的最终旨趣，是生态危机爆发的制度根源，这从反面证实生态文明只能是社会主义的。资本主义和生态文明的内涵决定了这两个术语的耦合是存在逻辑矛盾的。资本本身具有增值性和扩张性，它的本性“就是增值自身，创造剩余价值”。资本会不惜一切代价，冲破一切阻碍，使用一切手段，利用一切资源，来实现增值和扩张。资本主义作为一切以资本的本性为中心而构建起来的思想体系和生产方式，不惜以破坏自然环境为代价，无视自然资源的有限性，最大限度地追求利润，无限地进行扩张和增值，使人类与自然生态之间的矛盾日益突出。为此，马克思对资本主义的反生态性进行了深刻的揭露和批判。

（一）马克思从“物质变换”和“异化劳动”视角对资本主义生态破坏的剖析

马克思用“物质变换”和“异化劳动”两个概念深刻揭示了资本主义破坏生态环境的根源。其含义有两个方面：一是资本主义对经济利益的非理性追求根本无视人类生产活动对自然环境的破坏；二是资本主义不合理的社会制度扭曲了人与自然的关系，阻碍着人类的生态文明建设。

在马克思看来，“劳动首先是人和自然之间的过程，是人以自身的活动来中介、调整和控制人和自然之间的物质变换的过程”。一方面，自然界本身需要在其内部进行物质变换，人作为自然生命当然也要被纳入其中，人类应当遵循自然规律；另一方面，人类社会也需要与自然界进行物质变换，由劳动推动的人与自然之间的物质变换创造人类社会赖以存在的物质基础。资本主义的问题就在于，它在本性上对利润的无限追求使人们的生产经营活动十分狭隘，只顾及私人利益的最大化而无视人

与自然之间物质变换的整体效益，更遑论让私人利益为生态效益退让牺牲。在现实的生产活动中，资本主义大工业与大农业一起发生作用，“前者更多地滥用和破坏劳动力，即人类的自然力，而后者更直接地滥用和破坏土地的自然力”，结果人与自然两个方面都受到了掠夺与压迫，最终在物质变换的过程中“造成一个无法弥补的裂缝”，生态问题由此而发，物质变换的断裂也迟早会危及人类社会的生存发展。因此，生态环境的问题不是人类是否应当改造自然的问题，而是人类应当以何种方式改造自然的问题。资本主义生产方式的本质属性决定了它不合理更不可持续，由此可见，只要不彻底摈弃资本主义，生态环境问题就将永远困扰着人类。

“异化”一词表示转让、限定、疏远、脱离等含义，黑格尔将其纳入自己的哲学体系之中，用来标识主体与客体之间“否定之否定”的辩证关系。马克思充分吸收借鉴了黑格尔的有关思想，并在《1844年经济学哲学手稿》一书中将“异化”概念引入政治经济学研究之中，阐发了资本主义经济运行过程中的异化劳动问题。具体包括：劳动与劳动者关系的异化、劳动同劳动产品关系的异化、劳动者自身类本质的异化、资本主义社会中人与人关系的异化等不同的方面。在人与自然的关系方面，马克思指出，“异化劳动，由于使自然界，使人自身，使他自己的活动机能，使他的生命活动同人相异化，也就使类同人相异化；对人来说，它把类生活变成维持个人生活的手段”。自然界为人类的生息繁衍提供了基本的物质资料，这也是人类生产生活的基本劳动对象，但在资本主义的经济逻辑支配之下，劳动产品成为一种不依赖于劳动者的异己存在物，工人并不拥有自己的劳动成果而被迫去做更多的劳动，结果只是生产更多的作为异己存在物的劳动产品，只是不断地将自然转化成自身的对立面，人与自然和谐统一的关系就这样被破坏了。而且伴随着这个过程的发展，“感性的外部世界不再给他提供直接意义的生活资料，即维持工人的肉体生存的手段……他只有作为工人才能维持自己作为肉体的主体”，劳动者自身也被异化了，变成了工作的奴隶，变成了资本逐利的奴隶。被异化了的人承受着社会制度带来的种种压迫，这样的人在被异化了的人与自然关系之中根本无法解决生态问题：亚马逊雨林里的伐木工人当然知道自己的工作就是在破坏生态环境，但他更知道，自己今天不工作，明天就可能没有饭吃——刺耳的电锯声分明就是金银流淌的声音，分明就是资本膨胀的声音，而工人自己只是被可怜的异化成了工具而已。

只有实现了人类自身的彻底解放，并在此基础上实现人与自然关系的真正和解，生态问题才有可能被彻底解决。这些条件是资本主义所无法满足的，所以资本主义国家的生态环保工作不可能取得根本性的成功，资本主义生态文明建设的道路在根源处是行不通的。马克思将希望寄托于社会主义的自由王国：“社会化的人，联合起来的生产者，将合理地调节他们和自然之间的物质变换，把它置于他们的共同控制之下，而不让它作为一种盲目的力量来统治自己；靠消耗最小的力量，在最无愧于和最适合于他们的人类本性的条件下来进行这种物质变换。”

（二）马克思从资产阶级本性视角对生态危机资本主义制度根源的揭露

马克思看到了资产阶级贪婪和唯利是图的阶级本性，认为资本家是资本的化身，而资本来到人世间，它的每一个毛孔都滴着血和肮脏的东西。代表资产阶级的工业资本家们运用资本主义生产方式在利润的驱动下进行生产，必然忽视工业生产过程中的一切不良后果，一切生产的目的只是为了剩余价值，只要能实现资本的最大增值。他们可以忽视环境的清洁、不顾资源的持续利用，甚至为其生产剩余价值的工人的身体健康都是可以漠视的。“支配着生产和交换的一个一个的资本家所能关心的，只是他们的行为的最直接的有益效果。……出售时要获得利润，成了唯一动力。”“在资产阶级看来，世界上没有一样东西不是为了金钱而存在的，连他们本身也不例外，因为他们活着就是为了赚钱，除了快速发财，他们不知道还有别的幸福，除了金钱的损失，也不知道还有别的痛苦。”

马克思和恩格斯认为，生态问题不单单是个社会问题，更是一个政治问题，资本主义社会“反自然”“反人道”的特点究其根源在于资本主义的社会制度。恩格斯指出：“单是依靠认识是不够的。这还需要对我们现有的生产方式，以及和这种生产方式连在一起的我们今天的整个社会制度实行完全的变革。”他认为，资本主义生产方式连同资本主义制度，既破坏了人与自然的和谐共生，又扭曲了人与社会的关系，是阻碍人类文明前进的关键环节，所以必须变革资本主义制度，才能从根本上解决各种矛盾。马克思指出：“只有在资本主义制度下自然界才不过是人的对象，不过是有用物；它不再被认为是自为的力量；而对自然界的独立规律的理论认识本身不过表现为狡猾，其目的是使自然界（不管是作为消费品，还是作为生产资料）服从于人的需要。”马克思和恩格斯在其多部著作中对资本主义生产方式进行分析和批判，揭露了资本主义社会中环境问题产生的罪魁祸首——资本主义制度。正是资本主义制度本身的弊端，使人和自然之间的关系发生了颠覆性的变化，激化了人与自然之间的矛盾。

这意味着在马克思和恩格斯看来，在资本主义的框架内，完全实现人和自然的和解以及人类本身的和解是不可能的，只有完全变革资本主义的生产方式，变革社会制度，以一种更加优越的社会制度取而代之，才能缓解人和自然之间的矛盾，使人和自然协调发展。“这种共产主义，作为完成了的自然主义，等于人道主义，而作为完成了的人道主义，等于自然主义，它是人和自然界之间、人和人之间的矛盾的真正解决。”可见，在他们看来，要使人和自然之间的矛盾得到真正解决，需要一种新的社会意识形态，即共产主义取代原有的资本主义制度，实现资本主义生产方式、消费模式以及技术的利用方式的根本性变革，从而使劳动者和生产资料以一种更好的方式结合，让劳动者获得真正的自由。

马克思和恩格斯始终把实现人和自然的和谐、消除生态危机与共产主义理想联系起来，即要想实现人和自然之间的可持续发展，不仅需要自然的“解放”，更需要人的解放，而要实现人的解放，就必须废除资本主义私有制，实现共产主义。马克思主义作为共产主义的初级阶段的社会主义社会的指导思想，为生态文明建设提供了思想保障和动力支持。所以，生态文明也只能是社会主义的，社会主义是与生态文明相对应的社会形态。

（三）生态马克思主义展开的资本主义生态批判

自20世纪70年代开始，西方生态马克思主义开始从生态环境的角度对资本主义展开社会制度的批判，汲取了马克思和恩格斯关于资本主义是生态危机制度根源的观点，进一步论证了资本主义不可能实现真正意义上的生态文明。

生态马克思主义者立足于马克思主义的理论，将生态原则与社会主义原则重新整合，以反对剥削人、剥削自然为前提，以保护生态和实现社会主义为目标，将生态危机的根本原因归结为资本主义制度本身。安德烈·高兹基本沿袭了马克思的分析思路，他指出，现代社会中的生态问题仍是资本主义的利润动机问题，并将对这种利润动机的分析上升到了资本主义经济理性批判的高度。认为资本生产的唯一目的仅仅是资本自身的无限增值，而这种非理性的增值冲动只会将社会带入深重的生态危机之中——政府与企业增加环保投入也是资本逻辑的结果，资本家只有在资本增值的驱动之下才看得到生态问题。莱易斯与本·阿格尔集中关注了资本主义社会的消费异化问题，具体分析了资本运行中商品生产的扩张和消费需求的扩张二者之间相互刺激的关系。他们指出，人的需求被异化成了商品消费的需求，消费主义的盛行在营造虚假的物质繁荣与精神满足的同时，也深化了人自身的异化程度，对商品的狂热崇拜只会不断加重人们对自然资源的疯狂掠夺。在高生产、高消费的现代社会中，异化消费已然成为生态危机的直接根源，生态危机已然成为推倒资本主义制度的主要威胁。奥康纳在吸收马克思关于资本主义基本矛盾的思想的基础上提出了资本主义双重矛盾的问题，即认为在生产力与生产关系的矛盾之外，资本主义还存在着生产力、生产关系与其外在的生产条件之间的矛盾。其中第一重矛盾是从需求的角度冲击资本主义，第二重矛盾则从成本的角度冲击资本主义。前者通过消费部分所占的份额及其价值内容，固定资本的大小及其价值内涵、“自然性因素进入不变资本与可变资本领域所付出的代价，作为剩余价值之扣除的地租以及所有的各种‘消极性的外在因素’”等因素影响后者。资本主义的双重矛盾意味着资本主义社会面对着经济与生态的双重危机，就后者而言，资本主义生产的无限性与现实生产条件的有限性之间的矛盾表明生态危机是资本主义自身的内在矛盾所决定的，其根本原因还是“资本主义从经济的维度对劳动力、城市的基础设施和空间，以及外部自然界或环境的自我摧残性的利用和使用”。与奥康纳不同，福斯特认为，在马克思的哲学体系中本来就包含着一套完整的生态学思想。在《马克思的生态学》一书中，他将唯物主义的自然观、唯物主义的历史观以及马克思关于自然和社会“新陈代谢”的思想同生态学联系在一起，赋予这些基本思想生态学方面的含义，将马克思对资本主义生态破坏的批判理论系统化，由此开创了对马克思本人生态学思想的完整的构建工作。

生态马克思主义认为，资本主义制度不可能消灭生态危机，只有社会主义才能从根本上解决生态危机。还指出，今后一定要建立一个没有剥削和压迫的、绿色的、生态与经济社会和谐发展的、实现社会公正的社会主义社会。

四、资本主义解决生态问题过程的反思

回顾资本主义国家解决生态问题的实践历程，不难发现，他们并没有从根本上将生态问题视为资本主义制度自身的问题，而在资本主义制度的整体框架之下，所有的具体措施都将受到限制，甚至会被异化成新的社会问题。首先，资本主义的社会舆论积极培养生态环保的社会意识，且经常将其无限夸大，脱离了具体的社会现实，俨然成了一种意识形态，成为一种“政治正确”，这根本无助于生态问题的解决，只会沦为资本竞争的工具。其次，市场手段只有在政府干预的科学指导下才能为生态环境保护贡献力量，而且这种不改变资本主义经济环境的暂时性、局部性的干预措施最终还是会在资本主义制度的逻辑推演中进退两难。再次，科学技术本身是人类改造自然的手段，是人类的生产力，它可以被用来治理污染、应对生态环境问题，更可能被用来掠夺自然、制造生态环境问题。而在资本主义制度下，科学技术与人自身一样也被异化了。资本主义一方面利用科技进步挑战着生态环境的承受极限；另一方面又将生态问题简单地视为生产技术问题，生产力对自然的破坏性作

用明显占了上风。最后，在政治层面上，资本主义国家采用利益集团的形式将生态问题变成了议会、国会中的论辩博弈，这种逻辑在全球化的背景下也很自然地延伸到了全球治理的制度模式之中，联合国大会上各国被分成了发达国家、发展中国家等阵营，人类共同责任、共同担当的呼声湮没在了无休止的争吵之中……总之，资本主义环境保护的道路是行不通的，只有新时代生态文明建设的道路才能帮助人类摆脱生态危机。

问题是，彻底废除资本主义私有制，直接确立公有制的社会主义制度就可以了吗？也没那么简单。1968年，美国学者加勒特·哈丁在《科学》杂志上发表论文讨论了这样一种情形：大家在草原上放牧，羊群的总数正好适合牧场的生态承受能力，此时任何一名牧羊人增加绵羊数量都会对大家造成损失，但却对自己有利。试想大家会怎么做呢？资本主义的经济理性当然会驱使人们只顾私人利益而无视公众利益，只顾短期利益而无视长久利益，哈丁称这是“持久进行、永无休止的悲剧”。他的建议是实行公有化，对草原进行公共管理。然而吊诡的是，经济实践中真正解决问题的方法恰恰与此背道而驰。正确的做法是明确产权，将个人的责任与收益紧密结合起来。英国的圈地运动就是一个很好的例子：“羊吃人”的历史过程虽然血腥，但在明确权益归属之后，产权人为自身利益加强了管理维护，草场生态不断改善，经济效益也稳步提升。由此可见，资本主义仍旧具有顽强的生命力，它仍具有自我调节、自我发展的能力。

在应对生态问题的过程中，资本主义自身也在发生着变化。比如，政府主导因素凸显出来，生态经济学对资本主义经济逻辑的修正，生态政治对权威主义与民主精神的协调，这些都可以视为资本主义制度中社会主义因素的萌发——生态危机就这样倒逼着资本主义制度的改革。至于西方国家如何完成这一历史转变，我们且拭目以待。

第三节　苏联新时代生态文明的历史经验

1917年的十月革命标志着世界现代史的开端，人类历史上第一个由无产阶级领导的社会主义国家由此诞生。1922年12月，苏维埃社会主义共和国联盟正式成立，在超级大国的政治地位、经济实力以及军事力量的支撑下，苏联俨然成为社会主义的代名词，苏联的社会制度在相当长的历史时段中都被视为社会主义的标准模板。以下我们就以苏联为例，通过梳理苏联在社会主义国家建设的过程中解决生态环境问题的指导思想与实践活动，吸取社会主义国家生态文明建设的宝贵经验与深刻教训。生态环境问题的根本原因在于资本主义，而苏联的新时代生态文明建设则警醒着我们，社会制度的更替并不能将生态问题毕其功于一役，不科学的生产活动、不合理的制度安排在社会主义条件下同样会造成生态环境问题，新时代生态文明建设任重而道远。

一、苏联新时代生态文明建设的历史过程

早在十月革命之前，俄国的马克思主义者就已经在学习马克思恩格斯有关思想的基础上关注到了生态环境问题，普列汉诺夫对马克思和恩格斯地理环境理论的继承和发展就是典例。马克思和恩格斯都认为自然界为人类的生存发展提供了物质基础，人类的生产活动是以感性的物质世界为前提的，包括地质条件、气候条件等因素在内的地理环境对人类社会历史的发展有着基本的影响，这一思想在《1844年经济学哲学手稿》《德意志意识形态》《资本论》，以及恩格斯晚期的《家庭、私有制和国家的起源》等多部论著中都有体现，可以说是贯穿马克思和恩格斯始终的一个基础观点。普列汉诺夫立足于历史唯物主义的根本立场，充分利用当时地理学、人类学、社会学以及历史学等多学科的具体材料来呈现自然与社会的相互作用，深刻剖析了地理环境影响社会的具体机制，系统地阐发了地理环境因素对人类社会的影响，这其中就蕴含着基本的生态保护思想。例如，在维护唯物主义在经济学领域的指导地位时，普列汉诺夫指出，“自然界本身，亦即围绕着人的地理环境，是促进生产力发展的第一个推动力”，具体地说，“地理环境是通过在一定地方、在一定生产力的基础上发生的生产关系来影响人的，而生产力发展的头一项条件就是这种地理环境的特性”。生态环境是决定人类社会生存发展的基本因素，它对生产力的发展有着最基本的决定作用。当然，这种决定作用是辩证的而非机械的，“地理环境对于社会人的影响，是一种可变的量。被地理环境的特性所决定的生产力的发展，增加了人类控制自然的权力，因而使人类对周围的地理环境发生了一种新的关系”。因此，人们有能力在自然环境的决定作用下发挥主观能动作用，通过生产力水平的提高更好地利用自然、改造自然。

在1901年的一篇文章中，列宁通过对土地问题的讨论关注到资本主义大农业的生产方式对生态环境的破坏问题。“人造肥料代替天然肥料的可能性以及这种代替（部分地）的事实，丝毫也推翻不了下述事实：把天然肥料白白抛掉，同时又污染市郊和工厂区的河流和空气，这是很不合理的”。而小农业则“是靠种种肆意滥用的办

法来维持的，如滥用农民的劳动和生命力，滥用牲畜的力气和体质，滥用土地的生产力”。针对以上这些不足，列宁提倡综合考虑：“农民吃、住和工作的情况怎样？牲畜饲养和干活的情况怎样？土地施肥情况怎样，经营是否合理？”等等问题。在人与自然的关系方面，列宁坚持辩证唯物主义的根本立场，认为自然规律是客观存在、不以人的意志为转移的，但人们可以认识自然规律、利用自然规律，这样便可以成为自然的主人。据此，列宁相信科学技术对生态环境的保护作用，相信人类的生产活动不只如资本主义那般破坏环境，科技的进步同样可以使生态环境不断改善，变得更加美好。

在苏维埃政权建立之后，尤其是在20世纪20年代的新经济政策时期，列宁积极推动了苏联的新时代生态文明建设实践工作。几年间列宁先后签署的环保法令近200件，全苏自然保护协会也组建起来。1920年，列宁在南乌拉尔地区建立了苏维埃俄国的第一个自然保护区，到1933年，自然保护区已经多达30余个。在经济领域，列宁倡导循环经济、照顾绿色农业，试图通过自然资源的循环利用来消灭城乡对立的问题；而在学术领域中，列宁亲切关爱具有环保思想的学者，例如哲学家卢那察尔斯基被任命为人民教育部门的负责人，地球化学的奠基人；生态学家维尔纳茨基被任命为乌克兰科学院院长。众多学者同样为苏联的生态文明建设发挥了聪明才智，提出了很多富有创造性的思想学说。诸如，植物遗传学家瓦维洛夫在农业起源问题的研究中自觉应用辩证唯物主义思想方法；维尔纳茨基在其著作《生物圈》中对生态环境做出了科学的分析，至今仍有重要价值。他们的共同努力帮助苏联在生态理论与生态建设方面一度领先于西方资本主义国家。

布哈林的成名作《历史唯物主义理论》也写成于新经济政策时期，他在该书中提出了“平衡论”的哲学思想。具体地说，该书第三章“辩证唯物主义”以马克思主义辩证法为前提分析了“平衡”概念，从自然科学的角度来说，“某种体系如果不能自动地，即没有从外面加给它的能，改变本身的状态，人们就说它处于平衡的状态”，但这种平衡是动态的平衡，是处于矛盾运动中的平衡，它要经过“平衡—不平衡—再平衡”如此循环往复的运动变化。第五章“社会与自然界之间的平衡”讨论了社会与自然界的关系，明确了生产力在人类社会与自然界相互影响、相互作用中的重要地位。第六章“社会要素之间的平衡”分析了人类社会上层建筑的结构，涉及经济结构、社会心理、意识形态、社会生活乃至社会类型等各个方面。第七章“社会平衡的破坏和恢复”则阐述了生产力与生产关系的矛盾运动所造成的社会平衡变化，展示了社会变化的具体过程。所有这些章节一同形成了布哈林系统的平衡论哲学。其中，布哈林对平衡的分析始终指向着生态环境，可以说平衡论是其生态思想的重要理论支撑："任何事物，不管是石头还是生物，是人类社会还是别的什么，我们都可以看成是由互相联系着的各个部分（要素）组成的某种整体；换句话说，我们可以把这个整体看作是一种体系。每一个这样的事物（体系）都不是存在于真空中的；它周围有自然界的其他要素，这些要素对它来说就叫作环境。对森林中的一棵树来说，所有其他的树木、小河、土地、蕨类、青草、灌木丛等，连同它们的全部特性，就是环境。"这种强调动态平衡的整体论成为当时苏联认识生态问题的最新理论成果。

在斯大林掌权之后，新经济政策让位于高度集中的计划经济体制，国家主导的社会主义经济建设一味地追求高速发展而无视生态限制，偏重重工业、忽视轻工业的经济结构中蕴藏着高投入、高消耗、低产出的严重问题，围垦湿地、调水灌溉、矿产开采等盲目的工农业生产活动都加剧了对生态环境的破坏。从思想方面来看，斯大林本人继承了马克思主义的唯物主义基本立场，承认自然规律不以人的意志为转移，但他在实践活动中却忽视了辩证法的运用，尤其是忽视了辩证唯物主义的自然观方面，没能认识到生态环境的整体性，没能认识到生态环境中各种因素的相互影响与相互制约。新生物学运动在此时兴起，环境保护思想被斥责为"地理决定论"，环保举措也被指责是劳民伤财、浪费精力，环保组织数目也急剧减少。更为严重的是，包括布哈林、瓦维洛夫在内的提倡环保的政治家、学者被作为政治打击对象遭到直接清洗，苏联的生态保护运动遭遇到了巨大的挫折。

经历过第二次世界大战的洗礼，苏联马上又要面对"冷战"的国际政治压力。苏共二十大虽然批判了对斯大林的个人崇拜问题，但斯大林所留下的政治经济体制仍被保留下来，改革迟迟没有实质性突破。社会生产中的问题一直没能得到有效的纠正，经济活动对生态环境的破坏有增无减：从1954年开始，苏联境内的哈萨克斯坦、乌拉尔、伏尔加河沿岸以及西伯利亚等地区都有大量土地被开垦出来，草原植被遭到破坏，半干旱、干旱的气候并不适合耕作，高寒地带的生态环境更是脆弱，赫鲁晓夫推广的玉米种植运动在造成水土流失、土地荒漠化等严重生态问题之后最终不了了之。此外，诸如引水灌溉导致咸海水域急剧萎缩，顿巴斯煤田开采中的土壤重金属污染，核废料处理不当造成的放射性污染等问题都表明，20世纪六七十年代苏联的自然生态环境仍在持续恶化之中。面对这些问题，苏联政府也做出了回应。实际上，早在50年代，各加盟共和国就已经着手制定法律法规来保护环境，1968年之后，苏联最高苏维埃也开始陆续颁布法律保护土地、森林、矿产、野生动植物等资源。1972年，苏共中央发表了《关于加强自然保护和改善利用自然资源的决议》，生态保护被上升到了苏共中央的意志，包括国家计划委员会、土壤改良和水利部、化学石油部在内的各有关部委都被赋予了环境保护的职能，自然保护局也在此时成立。1975年，苏联政府首次在国民经济发展计划中单独讨论了环境保护的问题，此后苏共制定的五年计划、十年计划都将生态环境问题视为重要的规划内容。在国际方面，苏联自1972年便开始积极参与历次世界环境大会以及有关国际组织，社会主义国家间共同管理、共同维护等环保合作也不断深化，而在对公民环保教育的大力推行之下，苏联社会的环保意识与西方对生态问题的关注交相呼应，一时不分伯仲。

这一时期的苏联学界也为生态文明建设提供了有力的理论支持。在“人的问题”这一主题之下，哲学家们讨论了人的生存状态，亦即现时代的全球性问题，其中就包括“人类与自然界相互作用最优化问题”，具体涉及“关于人类与自然界相互作用中产生的危险的不平衡现象，关于合理地、有计划地利用人类生命活动所必需的自然条件问题”，而诸如人口增长、食品缺乏、能源问题、城市化污染等问题被认为是最紧迫、最尖锐的问题。20世纪70年代，弗罗洛夫以《哲学问题》杂志为平台主持了多次研讨活动，“关于人及其在生物学和社会学方面的未来问题”“关于人及其居住环境问题”“科学和现时代的全球性问题”等专题讨论引起了很大反响。在《科技进步与人的未来》一书中，弗罗洛夫从科学与人文相统一的角度论述了科技进步及其基础上的现代大工业生产应当以人类生存的伦理规范为旨归，批判科学至上的错误思想，号召经济发展的生态化。马尔科维奇发展了苏联的生态社会学研究，他从人类社会内部着手分析生态问题的根本原因，批评资本主义生产方式，批评现代工业社会，认为建设“好的”社会与建设“好的”自然在本质上是同一的。此外，弗罗洛夫从马克思主义的基本立场出发对西方生态理论的批评，罗西对人与自然辩证关系的具体历史过程的分析，格拉西莫夫、卡比查、卡姆施洛夫等人对生态问题中科学与社会关系的考察，布迪克、费多谢耶夫对哲学在生态问题解决中的作用的讨论，帕夫连科对生态困境的伦理追问，这些都是苏联学者对生态理论建设的贡献。

到了20世纪80年代中后期，斯大林体制的种种弊端在苏联已经积重难返，各种社会问题不断涌现出来。生态环境问题也迎来了爆发的高峰期，各种生态事故几乎从未间断：1983年2月，一颗核动力卫星造成高空大气层的核辐射污染；1983年9月，乌克兰一家化肥厂堤坝破裂，倾泻而出的高浓度酸液造成沿途土壤、河流的严重污染；1984年，一家造船厂生产不当污染了第聂伯河……其中最严重的无疑是

1986年4月的切尔诺贝利核电站反应堆爆炸事故。这段时间苏联政府也做出努力来应对环境危机。例如，1981—1985年的环保资金投入较70年代末翻了一番；1986年，苏联开始实行工业生产设计的生态鉴定制度；1988年，成立的国家自然保护委员会将生态环保置于一切社会生产之上……凡此种种，还是失败了。究其原因，首先，“冷战”思维造成的思想保守，1973年、1979年的两次石油危机促使西方资本主义国家在80年代初已经实现了单位GDP能耗的大幅下降，苏联经济学界却将其视为“新马尔萨斯主义”而加以斥责；其次，高度集中的计划经济体制使得权力集中于莫斯科，国有企业作为苏联工业生产的主要力量只对中央行政部门负责，地方机构没有能力加强对它们的监管，很多环境污染问题都得不到有效解决；再次，高度集权带来的官僚政治问题，政府部门中官僚主义作风盛行，慵懒、推诿甚至以权谋私等不良现象造成了行政腐败，环境监管的缺失、生产安全工作的疏漏、惩罚措施的失效，这些问题对生态环境事故的发生负有不可推卸的责任；最后，长期以来的军备竞赛对苏联社会造成的巨大压力，粗放型的生产方式迟迟得不到调整，尤其是里根上台后提出的“星球大战计划”迫使苏联投入了大量的财力物力，不得不在畸形的产业结构中越走越远，结果不仅使生态环境不断恶化，苏联最终也在筋疲力尽后倒下了。

二、苏联新时代生态文明建设的经验教训

苏联长达70年的新时代生态文明建设为我们提供了宝贵的实践经验和理论成果。首先，苏联坚持以马克思主义思想为指导，并取得了社会主义建设的丰硕成果，具体在生态环境建设方面能够避免资本主义的根本问题，在实践中应用历史唯物主义与辩证唯物主义的基本观点来看待人与自然的关系，形成关于生态环境的科学认识，并在科学思想指导下寻求社会生产与生态环境的互利共赢，体现了社会主义制度的优越性。其次，苏联生态环境保护的一些具体措施值得我们认真研究。比如在国家发展规划中以生态文明为导向，重点关注生态环境问题，社会主义制度框架下的立法工作与机构设置，对生态环境保护的宣传教育，对重大事故灾害的防范机制与应急处置，其中有很多的成功之处都值得我们学习借鉴。最后，苏联在新时代生态文明建设中留下了丰富的理论成果。综上所述，苏联有普列汉诺夫、列宁、布哈林等党和国家领导人的马克思主义指导思想，有斯坦钦斯基、瓦维洛夫、维尔纳茨等科学家的专业科学知识，有弗罗洛夫、罗西、马尔科维奇等哲学家的生态哲学思想。与西方理论相比，这些思想成果本身就诞生于社会主义语境之中，它们面

对着社会主义国家建设生态文明的实际问题，对我国开展新时代生态文明建设的借鉴意义更大。

苏联的生态环境建设以失败告终，但问题并非由其社会主义制度造成的。与资本主义相比，社会主义坚持公有制的经济基础，自然资源与社会财富都是归于国家所有，工农业生产的目的是创造财富以满足人民群众的物质文化需求，国家宏观调控的科学规划也有助于避免非理性的盲目开发。因此，苏联的失败并非社会主义的失败，问题还是出在苏联自身。其一，生态破坏的直接来源是现代大工业生产。长期以来，苏联集中关注生产力的发展，社会经济以军事工业为主导，优先发展重工业，配套的农业、轻工业却严重不足，在这样一种资源依赖型的产业结构中，高能耗、高污染、低产出的粗放型发展问题也一直没能得到解决，“先污染后治理”的怪圈仍旧存在。其二，虽然高度集中的计划经济体制有助于集中力量办大事，但行政指令常常无视经济规律、无视现实条件，而且在苏联工业化的过程中始终存在着一种赶超情结，急功近利的问题比较严重，在生产实践中还是将经济发展视为首要任务，大多数时间里生态保护都要为经济让路，但环保政策并未得到有效落实。其三，苏联政治体制的一些弊端。中央集权造成了日益严重的官僚政治问题，特权部门为了自身的既得利益不惜损害国家利益，分管的下属部门则相互掣肘各自为政，联邦制的国家结构也导致各加盟共和国之间的地区利益之争，而在这些利益较量的过程中，生态环境只不过是附属牺牲品。其四，缺乏完善的环保信息公开制度。苏联重视培养群众的环保意识，社会大众在一些生态事件中也发挥了极大的作用，但直到20世纪80年代之前关于生态问题的报道一直处于政府管控之下，主流的宣传一直认为社会主义制度从根本上避免了环境破坏问题，民众并未真正了解生态环境的整体状况以及问题的严重性，群众监督流于形式，自然不能阻止生态环境的恶化。

除了这些导致生态破坏的具体原因之外，苏联留下的最沉痛的历史教训，就是切忌将生态问题政治化、切忌将生态问题意识形态化，可以说绿色政治是促成苏联解体的一个重要因素。1985年，戈尔巴乔夫继任苏共中央总书记之后开始了他的“新思维”改革，试图全盘否定斯大林体制，鼓吹“人道的、民主的社会主义”，提倡指导思想的多元化，实际上就是放弃了马克思主义，放弃公有制经济，放弃共产党的领导权。在这种错误的整体思路之下，1986年的切尔诺贝利核事故充当了社会动荡的导火索，彻底打乱了苏联改革的历史进程。这次事故凸显了苏联政府的疲惫状态，公职人员工作不力，行政失职责任重大。而事后在“民主化”“公开化”“保障人权”等口号的带动下，国内外舆论开始不断揭露生态环境问题，而且往往夸大其词。面对这种冲击，此时的苏联共产党已然无招架之力，频频出错：紧急关停工矿企业引发经济问题与就业问题，造成更多的社会不满；1988年，苏联国家环境保护委员会发布了一份环境报告，将苏联社会的生态危机完全呈现在公众面前。种种乱象激起了群众的恐慌心理，酝酿着社会的负面情绪。地方性的环保组织大量涌现且成色驳杂，"社会生态联盟"直接将生态问题与政治挂钩，"苏联生态协会"被指与极端组织关系密切，生态问题很快就被意识形态化，民主、自由化、私有化、民族主义、地区独立等问题都在生态问题的掩护之下暗流涌动，假借环保的名义来反对政府、反对共产党、反对社会主义的做法一时甚嚣尘上。群众性的环境保护运动在复杂的社会局面之下也被诱导，西方资本主义国家的"和平演变"策略也积极运作，各种矛盾冲突不断加剧，苏联共产党的基础遭到了严重破坏。在苏共第二十八次代表大会宣布放弃一党制之后，绿党政治正式登台——很快，苏联也就宣告解体了。

三、苏联生态环境恶化的原因分析

反思前车之鉴，我们更要看到苏联种种弊端产生的深层原因。首先，客观自然条件的因素。苏联国土辽阔，但大部分领土处于寒带、亚寒带，中亚的温带地区又是干旱、半干旱的草原与荒漠，真正适于农业耕作的土地主要集中在乌克兰，这样的国土条件客观上限制了苏联农业和轻工业的发展，试图在亚寒带、半干旱地区调水垦荒的努力都造成了生态环境的破坏，最终也遭到了自然的报复。苏联自然资源丰富多样，尤其是森林、煤炭、铁矿、油气、有色金属资源，其储量、开采量均位居世界前列，这些资源在为社会经济作出贡献的同时，也使苏联不知不觉之间陷入了"资源诅咒陷阱"，即过度依赖于自然资源的优势而不能自拔，形成了重工业畸形发展的产业结构，缺乏技术改进、产业升级的自然压力，国民经济、就业、进出口贸易实际上都被自然资源所裹胁。在进出口贸易中，由于近4/5的出口要靠石油、矿石等初级原料来解决，苏联经济实际上长期处于国际产业链的低端位置，对国际市场的供需波动十分敏感。例如，20世纪70年代的第四次中东战争引发了世界石油危机，原油期货价格短期内上涨了2倍多。苏联迅速反应，趁机加大开采力度，增加了出口供应。但到了80年代，各国吸取教训，降低能源消耗，在这种情况下苏联投入的多余产能非但未能实现更多的经济效益，反而导致生态环境压力日益加大。反过来说，一旦生态破坏、资源殆尽，社会经济就会面对彻底崩溃的危险，这也正是今天的俄罗斯及所有资源型国家社会所面对的重大隐患。

其次，历史文化方面的因素。俄罗斯民族自13世纪莫斯科公国建国起就一直具有中央集权的历史传统，罗曼诺夫王朝更是将沙皇的权力推到了顶峰。二月革命、十月革命都只限于政治层面而未能触及社会文化领域，启蒙的乏力限制了民主、自由等基本的现代政治观念在实践中的作用，可以说苏联的中央集权以及高度集中的计划经济体制都是俄罗斯民族历史基因的必然结果。而从现实社会条件来看，苏联自十月革命起就一直命途多舛。第一次世界大战的创伤未待恢复就面临着国内反叛与国外反社会主义国家的武装干涉，战时共产主义政策这种极端措施实属无奈之举。20世纪30年代起欧洲局势风云变幻，英法等国姑息德国法西斯势力，苏联意识到他们“祸水东引”的意图后也只能加快经济建设以备不测，斯大林体制虽有不妥，但它对第二次世界大战中苏联胜利的作用是不容否定的。第二次世界大战后的“冷战”对峙使苏联仍面对着巨大的国际政治压力，一方面苏联自身对霸权的渴望产生了严重的负面影响，尤其是阿富汗战争和军备竞赛造成了国力虚耗的后果；另一方面，社会主义的国家性质使苏联在国际合作中更多的是帮助其他发展中国家，它无法像美国一样通过国际分工、产业转移来转嫁生态压力，所有的后果都只能自己一力承担，直到它再也承担不起的那一刻。

最后，思想因素。斯大林本人推崇马克思而对恩格斯颇有偏见，因而对自然辩证法并不重视。这种对马克思主义的片面认识导致他只是将自然视为社会发展的资源，只是强调人力对环境的改造，却忽视了自然环境对人类社会的反作用，忽视了人类与自然环境相互影响与相互制约。这种错误的思想取向直接影响了他对生态环境的态度，影响了他所制定的国家方针政策；而斯大林体制的形成就是在这种错误思想的指导下形成的，日后的改革迟迟得不到推进，生态保护工作不见成效，关键就是错误的思想认识得不到纠正。等到20世纪80年代斯大林体制终于摇摇欲坠之时，戈尔巴乔夫又犯下了最致命的错误，他背离了马克思主义。换个角度来说，其实戈尔巴乔夫所推行的指导方针本质上就是“绿色政治”——崇尚包括“民主”“自由”“人权”在内的所谓超越阶级、超越民族国家的人类普世价值，号召反核、反战、裁军，强调地球资源的有限性，追求生态环境的人类共同利益，鼓吹以非暴力方式维护人类生存，打造人类命运共同体，号召国际合作共同努力，关注全球范围内的生态恶化问题。很显然，在戈尔巴乔夫这里，生态问题就已经被政治化、被意识形态化了。颇为讽刺的是，苏联解体之后戈尔巴乔夫仍在为他的生态保护事业积极奔走，在讲演中还经常谈到苏联种种的生态问题。

苏联作为第一个社会主义国家，尤其是作为社会主义超级大国，它对其他社会主义国家、对广大第三世界国家的社会体制建设与发展道路选择都产生过巨大的影响，在生态文明建设方面亦是如此。从全球视野来看，新时代生态文明建设，苏联的实践经验不容小觑，其惨痛教训更加不容忽视。

第四节　全球化解决生态问题背景下的思考

全球化视野中的生态问题是资本主义以现代工业社会形式的全球拓展所造成的问题，立足于全球化的视野，新时代生态文明建设需要面对资本主义制度的国际竞争，面对社会主义现代化建设的历史任务，面对参与全球化进程所带来的环境污染、生态破坏的负面影响，面对生态问题意识形态化的舆论压力……总之，中国的新时代生态文明建设仍任重而道远。

一、中国参与生态问题全球治理的实践活动

新中国成立以来，尤其是改革开放以来，我国积极寻求国际合作，展开了富有成效的生态治理工作。首先，以联合国为中心的世界多边合作机制为我国解决生态问题提供了广阔的活动空间。我国自1973年以来一直是联合国环境规划署理事国，也是1993年成立的联合国可持续发展委员会的成员国。1979年，我国加入联合国“全球环境监测网”“国际潜在有毒化学品登记中心”与“国际环境情报资料源查询系统”项目，2003年，联合国环境规划署驻华代表处在北京成立，这为我国在环境评价、法规制度、教育培训、环境管理以及自然灾害防治等方面积极参与全球治理提供了极大便利，国家环境保护部及有关部门已经与环境规划署展开了深入交流与密切合作。

其次，我国积极发展生态环境保护的国际合作，参与世界性环保组织。1992年，我国成立了“中国环境与发展国际合作委员会”，听取国内外专家学者的生态保护建议。此外，我国还签订了众多的国际环境保护条约，如1980年加入《南极条约》，1989年加入《关于保护臭氧层的维也纳公约》，1991年加入《控制危险废物越境转移及其处置巴塞尔公约》；等等。这些公约反过来也推动着我国的立法工作，我国在1996年加入的《联合国海洋法公约》就有力推动了2000年《中华人民共和国海洋环境保护法》的制定和颁布，对国家海事局《中国海上船舶溢油应急计划》等法

律法规的出台都产生了重要影响。

再次，我国积极开展国际合作实践活动。1987年，环境规划署将“国际沙漠化治理研究培训中心”总部设在兰州，我国借此机会与其他国家交流治理土地沙化及发展生态农业的实践经验。与邻国的合作更是我国开展环境保护实践的重点工作。1990年5月，与蒙古签订了《中华人民共和国政府和蒙古人民共和国政府关于保护自然环境的合作协定》。2004年10月，与俄罗斯签订了《中华人民共和国和俄罗斯联邦关于中俄国界东段的补充协定》，尤其是在后者的协议框架之下中俄提出了联合开发黑瞎子岛的合作意向，铁路、机场、通岛公路、大桥等基础设施建设，以及生态农业、旅游观光等规划设想得到了社会各界的广泛关注。

最后，我国为保护生态环境所做的努力本身也构成了全球化视野中新时代生态文明建设的重要一环。几十年来，我国的生态环境治理工作取得了举世瞩目的成就，在应对生态危机方面的国际影响力不断增强，可以说，在生态问题走向全球化的今天，中国需要世界，世界也需要中国。

二、全球化进程中我国的应对策略

应对全球化带来的生态环境冲击，我们需要放开视野，积极在全球化发展之中寻求应对策略。

其一，针对资本主义的竞争，我国需坚持以马克思主义基本思想为指导，坚持中国特色社会主义理论体系不动摇，从历史唯物主义和辩证唯物主义的根本观点出发，正确认识人与自然的关系，同时坚持一切从实际出发、实事求是，在实践中不断深化马克思主义中国化，坚持社会主义的现代化道路，将社会主义现代化建设同生态环境保护结合起来，坚持生态文明建设的社会主义本质，真正发挥好社会主义制度的优越性。

其二，针对现代工业社会的考验，我们需要在新时代生态文明建设的具体实践中厘清生态问题与其他社会问题之间的相互影响与相互制约，统筹政治、经济、文化等各个方面，认真研究现代社会的系统性风险，防微杜渐，在现代社会的整体语境中处理好生态问题。至于具体的操作方面，在坚持国家宏观调控的总体规划之下，我们也可以合理运用社会主义市场经济的手段来优化资源配置，引导现代大工业生产方式的产业升级与结构调整，从而达到建设资源集约型、生态友好型经济的目的，使其为新时代生态文明建设贡献自己的力量。

其三，针对全球化进程的挑战，我国应趋利避害。一方面，要认真学习借鉴其他国家生态文明建设的实践经验与历史教训，积极参与国际交流合作，尤其是在金融与科技等我国尚有欠缺的领域，抓住全球化进程中的历史机遇，在世界经济的竞争与合作中实现产业升级，推动社会进步，从根本上缓解生态问题。另一方面，要在国际合作中坚决抵制不合理的世界政治经济格局对我国的负面影响。面对西方发达国家要以斗争求团结，不能放任生态危机转嫁到我国，尤其是要注意在粮食、能源等关键领域维护我国国家安全；面对广大发展中国家要依据实际国情量力而行，处理好与不同类型国家的关系，明确自身在生态问题全球治理中的定位，真正落实好我国所应承担的责任。

其四，针对生态问题意识形态化的斗争，我国需要自觉加强舆论宣传，积极争夺话语权。在国内方面，引导社会公众正确认识生态环境问题，管控好相关的非政府组织及其社会环保运动，规避生态问题的意识形态化与政治化在当下社会转型的重要时期可能存在的风险。在国际方面，坚决维护我国国家利益，抵制资本主义的发展道路，努力改变国际政治经济格局。在生态话语权方面，充分发掘我国传统文化中的生态思想，积极推动社会主义理论创新，诸如科学发展观、社会主义核心价值观，尤其是“构建人类命运共同体”理念的提出。这些都是我国为世界生态文明建设所作的理论贡献，有力地回应了国际舆论的压力，增强了我国的国际影响力。

从全球化的视野来理解新时代生态文明建设，我们看到了生态问题的丰富内涵，看到了资本主义引发生态危机的根本原因，以及资本主义生态文明道路失败的历史必然性，看到了苏联新时代生态文明建设的前车之鉴，更看到了我国生态文明建设中所要面对的全球化因素的复杂影响。在全球化的历史进程中，我国的新时代生态文明建设前途光明，道路曲折，还有很多困难有待我们克服，还有很多难题有待我们解决。

第四章 当前我国生态文明建设的现状

第一节　我国生态文明建设的愿景

在深入总结我国生态文明建设的经验教训、科学评估我国生态形势的基础上，我国社会各界基本达成了关于生态文明建设的愿景，即达到包括实现绿色发展的生态经济体系、绿色消费与适度消费、生态伦理、生态治理和生态文明制度建设等目标在内的人与自然协调发展的文明进步状态。当然，伴随着我国的现代化进程，生态文明建设的愿景还将不断地被修正和完善。

一、绿色发展的生态经济体系

众所周知，生态文明强调以人为本的原则，坚持发展的理念，同时反对极端人类中心主义和极端生态中心主义的原则。因此，生态文明建设是以实现又好又快的科学发展，来满足和提高人民群众各方面的正当合理需求作为出发点和落脚点的。也就是说，生态文明建设的前提依旧是发展。只是这种发展是以兼顾人与自然的和谐相处为前提的可持续发展。生态文明建设要求在变革工业化生产方式的基础上，形成一种新的更为有效、持久的生态化生产方式，以解决生态危机这一作为在工业化生产方式基础上产生的消极环境后果。生态经济就是生态文明建设所要求的科学发展模式。同时，生态经济也是生态文明建设其他愿景得以实现的重要物质基础和保障。

生态经济是相对于传统的农业经济、工业经济而言的，是对经济体系的一种全新定义，它体现了人类对经济体系认识的进步。生态经济相对于传统经济具有绿色循环、高科技和可持续性的特征。生态经济的绿色循环、高科技和可持续性特点，保证了生态经济是一种能够维持人类赖以生存的生态环境永续不衰的经济。通俗地讲，生态经济就是包含这样两大方面：一是推行清洁生产；二是发展循环经济。清洁生产的要义就是一种污染前的防止。历史和现实的教训已充分证明，“先污染后治理”的后果只能使生态赤字，“债台高筑”，同时我们也没有“先污染后治理”的充裕资本和资格。清洁生产是要求把污染物消除在它之前、在产品生产过程和预期消费中，既合理利用自然资源，把对人类和环境的危害减至最小，又能充分满足人类需要，使社会经济效益最大化的一种生产模式。循环经济，是把清洁生产和废弃物的综合利用融为一体的经济，本质上是一种生态经济，它要求运用生态学规律来指导人类社会的经济活动。循环经济倡导的是一种建立在物质不断循环利用基础上的经济发展模式，它要求把经济活动按照自然生态系统的模式，使整个经济系统以及生产和消费的过程基本上不产生或者只产生很少的废弃物，从根本上消解长期以来环境与发展之间的尖锐冲突。循环经济是按照生态规律利用自然资源和环境容量，实现经济活动的生态化转向。它是实施可持续发展战略必然的选择和重要保证。循环经济在考虑自然时，不仅仅视其为可利用的资源，而且还是维持良性循环的生态系统。在考虑科学技术时，不仅考虑其对自然的开发能力，而且还充分考虑它对生态系统的维持和修复能力；不仅考虑人对自然的征服能力，而且更重视人与自然和谐相处的能力，促进人的全面发展。清洁生产与循环经济虽稍有区别，但都是以提高经济效益，同时又以节能降耗、保护环境为目标的。以它们二者构成的生态经济，就是既达到经济、社会和生态和谐统一的生产，又倡导适度、绿色和层次观念的消费，进而改善民生，实现人与自然、社会和谐相处、可持续发展的科学的经济发展模式。

生态文明就是要发展生态循环经济的新模式。生态循环经济的实质在于追求更大的经济效益、更少的资源消耗、更低的环境污染和更多的劳动就业。传统的经济模式是开采资源，生产产品，使用完产品后就废弃，这线性的经济模式既浪费资源，又破坏环境；而循环经济模式是开采资源，生产产品，在生产过程中尽量节约资源和实现资源的重复利用和循环利用，在产品使用以后将废品变成再生资源，形成一个循环的流程。循环经济和传统经济相比，可以将高开采、高利用、高排放改变为低开采、高利用、低排放，这是生态文明在经济领域的反映。生态循环经济坚持减量化、循环化、资源化的原则，千方百计节约资源，减少资源的消耗和污染的产生和排放。生态循环经济要求发展包括绿色工业、农业、交通、能源、建筑、旅游、服务等绿色产业，并使资源消耗量减到最低，使污染物排放量减到最小，这是生态文明在生产领域的具体体现。生态经济还要以创新驱动推进传统产业的升级转型。经过改革开放40年以来的发展，中国经济总量已居世界第二，制造业规模已居世界第一。可一个不容忽视的问题是，很多行业产能过剩问题突出，特别是钢铁、水泥等行业的产能几乎达到了极限，不可能再简单扩大下去了。只有不断延伸价值链，提高产品附加值，通过提高质量和效益，实现可持续发展。加快产业转型升级，就要把增强创新能力与完善现代产业体系结合起来，把实施创新驱动发展战略放在加快转变经济发展方式的突出位置。通过创新和科技进步促进能源转型，推动节能减排和清洁能源的使用。循环型的工业体系应覆盖煤炭工业、电力工业、钢铁工业、有色金属工业、石油化工工业、化学工业、建材工业、造纸工业、食品工业、纺织工业、产业园区等；循环型的农业体系应包括种植业、林业、畜牧业、渔业、工农业复合产业等；循环型的服务业体系应包括旅游业、通信服务业、零售批发业、餐饮住宿业、物流业等；社会层面的循环经济应包括再生资源回收体系、再生资源利用产业化、绿色建筑业、绿色综合交通运输体系、餐厨废弃物资源化利用等，从而实现生态循环经济的规模化、产业化、信息化、市场化、社会化和常态化发展。

由此可见，作为对工业文明理性反思的生态经济，应该成为生态文明的物质基础。生态文明内在要求的产业结构就应该是这种生态产业，即生态经济。党的十七大报告就明确要求："建设生态文明，基本形成节约能源资源和保护生态环境的产业结构、增长方式、消费模式。循环经济形成较大规模，可再生能源比重显著上升。主要污染物排放得到有效控制，生态环境质量明显改善。"这些要求本身就是生态经济的题中应有之义。在科学发展观的指导下发展生态产业，形成循环经济的规模化发展，将绿色GDP纳入科学发展观的框架中，完善有利于节约能源资源和保护生态环境的法律和政策，形成可持续发展的体制机制，以人为本地建设资源节约型、环境友好型社会，这样的发展态势就是作为生态文明物质基础的生态经济的科学发展轨道。

党的十九大报告进一步指出：“建立健全绿色低碳循环发展的经济体系。构建市场导向的绿色技术创新体系，发展绿色金融，壮大节能环保产业、清洁生产产业、清洁能源产业。推进能源生产和消费革命，构建清洁低碳、安全高效的能源体系。推进资源全面节约和循环利用，实施国家节水行动，降低能耗、物耗，实现生产系统和生活系统循环链接。”这是生态经济绿色发展的生态经济体系的完整内涵。

二、绿色消费与适度消费

消费处于物质代谢过程的最下游，消费过程中浪费一个单位的产品，往往意味着上游几十倍、几百倍甚至几千倍的资源浪费，这就是所谓的下游效应。消费同时还有弹性效应，它是指在生产过程中提高资源利用率所节约的资源，往往会由于消费数量的增加而被低效。因此，为了节约资源，人类的消费模式必须改变。科学、合理、文明的消费模式是生态文明社会的必要条件。众所周知，消费和生产一样，也是既要依赖自然生态，又会给自然生态产生重大影响。对自然生态系统来说，消费意味着消耗自然资源和环境质量。一方面，消费的资源来自大自然；另一方面，消费之后的废弃物又排放到大自然。这种对自然生态索取和向自然环境排放废弃物的行为，必然会直接影响生态环境的变化。如果这一过程超过了自然资源承载力与环境自净力所允许的范围，就会对整个地球生物圈形成巨大的冲击。我国现在生态欠债严重，在很大程度上源于消费的不理性、不科学、不合理、不文明。建设科学、合理、文明的消费社会，实现中国特色新时代生态文明，就要在全社会推行绿色消费模式，同时坚持和践行适度消费原则。绿色消费和适度消费既适合我国国情，又符合生态文明内在要求的科学、合理、文明的消费模式。

绿色消费内在要求“无公害、低污染、无破坏、高效、低耗和多益”。“无公害”，是指产品和生态环境的服务对人类健康和生命不造成威胁、危害；“低污染”，特指消费方式和消费后果对人类生存的无机和有机环境的污染，被控制在可降解水平上；“无破坏”，特指某种消费方式对生态系统结构和功能不构成破坏，保持其结构成分的有序化和功能的持续增强状态；“高效、低耗”，是指能源和其他资源的利用是高效率、低能耗的，对生态环境的影响保持不欠债的水平，不影响经济社会的可持续发展；“多益”，是指绿色消费能够实现经济、社会和生态环境效益统一，有益于人与自然的和谐，保持生物多样性，地球生态系统的完整性和统一性。这样的消费理念叫作绿色消费，这样的消费产品叫作绿色消费品，这样的消费理念和产品再加上这样的技术、工艺、包装、运输、销售等的结合叫作绿色消费模式。改革开放至今，我国逐渐发展了绿色产业和绿色产品，为推行绿色消费模式奠定了坚实的物质基础。同时，在培育绿色消费环境方面，也进行了有效的探索。当前，包括我国在内的世界各国推行绿色消费的经验教训表明：绿色消费模式是一种人与自然相互协调、和谐的消费模式，因为它既强调消费的重要作用，又强调消费和再生产各环节与环境的动态平衡，是一种既能满足当代人的消费需求和安全、健康，又能满足子孙后代的消费需求和安全、健康的科学合理的消费模式。

生态文明社会还应是适度消费的社会。当前，奢侈消费和消费浪费的现象不仅耗费了巨大的自然资源，而且败坏了社会风气。长此以往，不但严重影响经济持续健康发展，而且会使生态环境面临无法承受的压力，在不久的将来，人类的这种行为会给自己造成无法补救的灾难。建设生态文明社会，就要废止过度、奢侈浪费型和挥霍式的消费，努力践行适度消费，建设适度型消费的文明社会。改革开放以来，中国在创造一个又一个经济奇迹的同时，也创造了一个又一个的消费神话。中国已成为世界奢侈品市场的新宠，奢侈品消费畸形发展；城市建设贪大求洋；过度包装现象严重；铺张浪费严重；如此等等的生活消费方式愈演愈烈。按照这种方式生活下去，自然资源将无法承载这种压力。

因此，党的十九大报告郑重强调："加快建立绿色生产和消费的法律制度和政策导向……倡导简约适度、绿色低碳的生活方式，反对奢侈浪费和不合理消费，开展创建节约型机关、绿色家庭、绿色学校、绿色社区和绿色出行等行动。"这是绿色生活方式和消费方式的具体目标。

三、生态伦理

党的十七大、十八大报告都明确要求建设生态文明，使生态文明观念在全社会牢固树立。党的十九大报告进一步要求我们要牢固树立新时代生态文明观。之所以提出这样的要求，是基于生态文明建设需要伦理价值观的转变。生态文明观本身就是生态伦理的核心。

西方传统哲学认为，只有人是主体，生命和自然界是人的对象；因而只有人有价值，其他生命和自然界都没有价值；因此只能对人讲道德，无须对其他生命和自然界讲道德。这是工业文明人统治自然的哲学基础。生态文明认为，不仅人是主体，自然也是主体；不仅人有价值，自然也有价值；不仅人有主动性，自然也有主动性；不仅人依靠自然，所有生命都依靠自然。因而人类要尊重生命和自然界，人与其他生命共享一个地球。所以无论是马克思主义的人道主义，还是中国传统文化的天人合一，还是西方的可持续发展，都说明生态文明是一个人性与生态性全面统一的社会形态。这种统一不是人性服从于生态性，也不是生态性服从于人性。用今天的话说，以人为本的生态和谐原则是每个人全面发展的前提。因此，我们建设新时代生态文明，促进人的全面发展，就需要全体公民接受良好的生态伦理教育，树立生态伦理观，使全体公民不断增强生态道德责任感，逐渐形成良好的生态伦理习惯，最终使人与自然和谐相处的理念深入人心，进而自觉地构建人与自然和谐相处的文明社会。

生态伦理观就是既考虑人类利益，又考虑包括自然在内的整个生态的利益的价值观。人类平等观和人与自然平等观是其组成部分。树立人与自然和谐发展的生态伦理观，就是要使人类的行为，既有利于人类，又有利于其他非人类生态。我国倡导的生态伦理观，坚持以人为本，反对一切非人类中心主义的观点，同时也反对抽象的人类中心主义。所以，培养生态伦理观，首先要理解自然和尊重自然；其次要坚持生态正义；最后要提高人性修养，消除人性的贪婪，树立正确的幸福观。

四、生态治理

随着时代的进步和实践的发展，我们越来越清晰地认识到，生态环境的本质是社会公正问题。社会公正是社会主义的本质要求和衡量社会全面进步的重要尺度。实现社会公正，是中国共产党人的一贯主张和中国特色社会主义的重大任务，同时也是生态文明建设的一个重要原则和目标。生态文明所理解的公正，包括人与自然之间的公正、当代人之间的公正、当代人与后代人之间的公正。实现生态文明所内在要求的社会公正这一目标，需要一种和谐的治理形式，即生态治理。生态治理是人类生存与发展过程中维持良好生态状况的管理过程。因为，生态文明的核心内容就是，在健康的政治共同体中，政府与社会中介组织，或者民间组织，将公共利益作为最高诉求，通过多元参与，在对话、沟通、交流中形成关于公共利益的共识，做出符合大多数人利益的合法决策。这种多元参与、良性互动、诉诸公共利益的和谐治理形式，就是生态治理。

生态治理是一种多元治理，强调公民参与、对话、协商、共识与公共利益。生态治理是以民主为基础的，民主是生态治理的前提，生态文明建设，必须与民主结合起来。因此，“协商民主”就成为生态治理的可能路径。协商民主是指政治共同体中的自由、平等公民，通过参与政治过程，提出自身观点并充分考虑其他人的偏好，根据条件修正自己的理由，实现偏好转换，批判性地审视各种政策建议，在达成共识的基础上赋予立法和决策合法性。

党的十九大报告提出：“构建政府为主导、企业为主体、社会组织和公众共同参与的环境治理体系。积极参与全球环境治理，落实减排承诺。”这是生态治理的正确路径。当然，狭义的生态治理也必然包括突出环境问题的解决。正如党的十九大报告指出的：“坚持全民共治、源头防治，持续实施大气污染防治行动，打赢蓝天保卫战。加快水污染防治，实施流域环境和近岸海域综合治理。强化土壤污染管控和修复，加强农业面源污染防治，开展农村人居环境整治行动。加强固体废弃物和垃圾处置。”

以上几点就是生态文明建设的愿景状态所内在要求实现的主要目标。当然，随着我国生态文明建设的逐渐深入，生态文明建设的愿景状态所内在要求实现的目标也将不断完善，而绝非以上五点所能概括的。但是，不管以后这些目标如何完善，生态文明建设的愿景都是始终坚持以人为本的理念和人与自然和谐共处、经济社会可持续发展。

第二节　我国生态文明建设取得的成绩

一、生态文明制度不断完善

2017年，一批生态文明建设领域的法律法规、制度、规划出台和实施，生态文明制度框架日益完善。《中华人民共和国土壤污染防治法（草案）》进入全国人大审议程序，《中华人民共和国水污染防治法》完成修订，《中华人民共和国环境保护税法实施条例（征求意见稿）》出台，《国家环境保护标准“十三五”发展规划》《“一带一路”生态环境保护合作规划》《“十三五”环境领域科技创新专项规划》等一批规划编制实施。生态保护红线制度开始实施，中共中央办公厅、国务院办公厅印发《关于划定并严守生态保护红线的若干意见》，生态环境部印发《生态保护红线划定技术指南》，京津冀、长江经济带和宁夏等15省（自治区、市）划定了生态保护红线。排污许可管理制度开始试点，国家环境保护部办公厅印发《重点行业排污许可管理试点工作方案》，火电和造纸行业5 190家企业、“2+26”城市钢铁和水泥行业排污许可证核发工作基本完成。《领导干部自然资源资产离任审计规定（试行）》《生态环境损害赔偿制度改革方案》正式发布，从2018年起，领导干部自然资源资产离任审计，生态环境损害赔偿制度将正式执行。《建立国家公园体制总体方案》印发，国家公园体制改革试点稳步推进。继2016年实施河长制后，2017年又出台《关于在湖泊实施湖长制的指导意见》。《生活垃圾分类制度实施方案》颁布，垃圾分类在全国推开。

二、产业体系更加绿色低碳

2017年5月，国家发改委同有关部门印发《循环发展引领行动》，积极推动发展方式转变，提升发展的质量和效益，引领形成绿色生产方式和生活方式，促进经济绿色转型，企业、产业、园区共同推进绿色循环低碳产业体系的格局初步形成。2017年，进一步加大化解过剩产能的力度，16部门联合发布《关于利用综合标准依法依规推动落后产能退出的指导意见》，国务院国资委制定化解产能过剩时间表，钢铁、煤炭、水泥、电解铝、平板玻璃等产能过剩矛盾得到缓解，环境质量得到改善，产业结构持续优化升级。2017年，节能环保产业得到快速发展，增速预计将达到18%，PPP模式为环保产业的发展提供了助力。

2019年上半年，环保上市公司新签订单635亿元，同比增长32%，其中签订的PPP项目金额为404亿元，占比超过60%，与2018年全年金额数相当。2019年，能源结构进一步优化。煤炭消费比重下降，各地煤改电、煤改气持续推进，清洁能源消费比重提高。

三、环境监督执法日益严格

铁腕治理生态环境是2019年初国务院总理李克强在政府工作报告里提出的要求，贯穿整个2019年，并取得明显成效。中央环保督查不仅实现全覆盖，还建立

“回头看”的制度。继2018年二次环保督察后，2019年中央又实施了第三、第四次环保督察，实现31个省（自治区、市）全覆盖，累计向地方交办群众举报10.4万件，地方已办结10.2万件，直接推动解决8万多名群众身边的突出环境问题。环境监管从以监督企业为重点，向监督党委、政府及其有关部门和监督企业的“督政”与“督企”并重转变。环境执法能力不断加强，依据史上最严的新环境保护法，查封扣押、停产限产、按日连续罚款、移送拘留成为遏制环境违法行为的重要手段和有力武器。2019年1—11月，全国适用《环境保护法》配套办法的案件总数35 667件，同比增长102.4%。因甘肃祁连山国家级自然保护区生态环境问题，包括3名副省级干部在内的几十名领导干部被严肃问责，批准逮捕祁连山破坏环境资源犯罪案件8件16人。

四、生态环境质量明显改善

通过铁腕治理、严格监督执法，通过继续实施大气、水、土壤污染防治三大行动计划，2019年环境质量改善明显。大气环境质量明显提升。2019年1—11月，全国338个地级及以上城市PM10平均浓度比2015年同期下降20.4%。京津冀、长三角、珠三角PM2.5平均浓度分别下降38.2%、31.7%、25.6%。其中，北京市下降35.6%，达到58微克/立方米，蓝天保卫战取得阶段性胜利。水环境质量也得到明显改善，2019年11月，全国主要水系监测数据显示，Ⅰ—Ⅲ类水体比例约为86.35%，比2018年同期上升3.35个百分点；2019年1—9月，长江经济带流域Ⅰ—Ⅲ类的水质比例同比提高4.3个百分点。农村环境综合整治取得积极成效，《全国农村环境综合整治“十三五”规划》颁布实施，一批农村污水处理设施、垃圾分类处置设施加快建设，农村畜禽养殖废弃物的资源化利用得到加强。

五、生态文明理念沿“一带一路”走向世界

2017年5月14日，习近平总书记在“一带一路”国际合作高峰论坛开幕式上发表主旨演讲并提出，践行绿色发展的新理念，倡导绿色、低碳、循环、可持续的生产生活方式，加强生态环保合作，建设生态文明，共同实现2030年可持续发展目标。随之，环保部等部委出台了《关于推进绿色“一带一路”建设的指导意见》和《“一带一路”生态环境保护合作规划》，设立了生态环保大数据服务平台和“一带一路”

绿色发展国际联盟，为中国企业“走出去”提供信息支持、政策服务，搭建合作平台。随着绿色“一带一路”的推进，生态文明、绿色发展理念在“一带一路”沿线国家传播，中国企业在“走出去”的同时，将绿色循环低碳的生产方式和消费模式带入“一带一路”沿线国家中，树立了中国绿色发展的新形象。

第三节　我国生态文明建设面临的挑战

当前，我国生态文明建设取得了巨大的成绩，但同时也面临着一系列不利问题的挑战。

一、经济社会发展不平衡、不协调、不可持续问题比较突出

一是人口压力依然巨大，国民经济在今后一段时间内保持较快增长，将给资源环境带来巨大的压力。由于庞大的人口基数和增长惯性，在未来一段时间内我国人口总量仍将保持增长态势。丰富的劳动力是我国高速增长的源泉。根据世界银行数据显示，中国目前仍有超过1.5亿人每天生活支出低于1.25美元，发展任务仍然非常繁重，这决定了促进经济发展、减少贫困人口仍是中国压倒一切的首要任务。预测表明，2040—2045年，国内生产总值增速仍将高达4%左右。在其他条件不变的情况下，经济规模的扩大通常需要消耗更多资源和排放更多的废弃物，这就意味着中国经济增长将持续为国内和国际的资源环境带来冲击。

二是产业结构不尽合理。在我国的三大产业中，工业所占比重居高不下，服务业发展较为滞后。工业发展过度依赖加工制造业，重化工业产能扩张过快，工业发展与资源环境的矛盾突出，钢铁、水泥、平板玻璃等高能耗高污染行业生产能力严重过剩。高技术产业名义比重提高较快，但缺乏核心技术和品牌，主要集中在价值链底端。服务业结构不甚合理，生产性服务业水平不高，生活性服务业供给不足等问题仍很突出。片面追求出口增长而粗放式地开发利用资源对中国生态环境造成了消极的影响，一些重要矿产品的盲目出口与无序生产形成恶性循环，不但严重破坏了资源，而且严重恶化了生态环境。同时，环境标准相对宽松，配套制度不完善和监管不力，使中国承接国际产业转移的环境风险成为“污染避难所”。展望未来，由

于要素禀赋、技术等的限制，要想改变中国在国际分工格局中的地位，需要付出长期、艰苦的努力。

三是城市化进程远未完成，重化工业化阶段还将持续10年以上。2016年全国的城市化率突破60%，根据联合国预测，到2030年中国城市化率将达约70.6%，在2050年左右实现全国城市化率75%。期间，随着人口在城市的大量聚集，能源、居住、基础设施的需求大大增加。城市化进程还与重化工业化相互支撑。城市化的基础设施建设带动了重化工业发展，并为重化工业发展提供聚集条件，同时重化工业发展为城市化提供产业支撑。中国城市化进程的长期性，意味着中国的重化工业化进程也将持续，经济结构的重型化特征难以在短期内发生巨大变动。不仅如此，中国城市化长期沿袭粗放式发展道路，片面追求发展规模和速度，加剧了中国土地资源、水资源、环境污染压力。

四是人均生活水平还不高，消费结构长期处于升级阶段。在改革开放后的40年里，中国居民消费水平和生活质量在迅速提高。但迄今为止，中国的人均能源消耗水平等远低于发达国家水平。未来，城乡居民提高生活质量的需求仍然长期存在，从而拉动对家电、住房、汽车、电子通信产品、肉蛋奶的需求，大大强化了资源能源的需求，从而加剧了中国资源环境的压力，并使生活消费成为资源消耗和环境污染的主要领域。

五是出口加重了资源环境压力。我国初级产品和原材料的出口，不仅大量消耗资源、排放污染物，也对某些市场构成冲击，这对我国在国际舞台上增加话语权和发挥更大作用产生不利影响。国际金融危机后，“欧美消费、东亚生产”的国际分工格局将发生较大变化。

二、国土空间开发还没完全体现生态文明的原则

一是农业发展基础仍然薄弱。我国农业抵御旱涝等自然灾害及防治动植物疫病虫害的能力较弱，现有耕地中约2/3为中低产田，有效灌溉面积占耕地面积比例不足50%；农业基础设施相对薄弱，农业机械化水平明显低于发达国家水平；部分农产品供求缺口扩大，粮食安全不可忽视；农村劳动力整体素质有待提高，农户生产经营组织化程度低。在人口增加、可耕地减少和居民消费水平不断提高的背景下，进一步提高农业生产能力、抗风险能力和市场竞争能力的任务十分艰巨。

二是城乡发展不平衡。农村生产生活条件和公共服务水平与城市差距较大。我

国东、中、西部城镇化发展不平衡，东部地级以上城市的经济总量分别是中部和西部的4倍和5倍左右。城乡收入差距不断扩大，区域间发展差距较大，基本公共服务水平、老少边穷地区发展滞后等问题突出。

三是“城市病”多发。我国的“城市病”主要有人口拥挤、交通拥堵、环境污染、低收入人群住房困难等。此外，一些地方、部门和企业不合理甚至不合法地、过多地侵害进城农民或拆迁群众的利益，这些都是影响社会稳定的安全隐患。

三、资源约束加剧，完成工业化的资金成本将增加

一是人均资源先天不足。我国人均资源占有量偏低；自然资源质量不高，矿产资源总体上品位低、贫矿多，难选冶矿多；资源富集区大多分布在生态脆弱区，由于气候和地理条件所限，适应人生存的国土约占1/3；降水夏季多、冬季少，东低西高的地势使大部分降水不能成为资源，还诱发自然灾害，造成人民生命财产的巨大损失。矿产资源和水资源分布与社会经济发展重心不吻合，北煤南运、南水北调等加大了运输和环境压力。随着我国工业化、城镇化和农业现代化的加快推进，对土地、水、矿产、生态环境等的需求仍将持续增长，资源环境压力将加大。

二是利用效率不高，强化了资源约束。煤炭、铁矿等不可再生资源的开发利用效率不高，森林等可再生资源开发强度超过其再生能力，植被覆盖率上升较慢，水土流失严重。战略性资源对外依存度不断攀升，从而影响经济效益和企业核心竞争力。我国人均水资源只有2 000多立方米，污染还加剧了，水资源紧缺；西北地区丰富的能源开发利用也受到水资源约束。能源安全成为我国长期面临的严峻挑战。

四、生态环境形势相当严峻

长期积累下来的环境污染尚未得到根治，新的环境问题又不断发生。一些重点流域、海域水污染严重；部分区域和城市灰霾天气增多，PM2.5成为公众和舆论高度关注的焦点；酸雨污染问题依然突出；农村污染加剧，重金属、化学品、持久性有机污染物及土壤、地下水等污染问题显现。一方面，污染已成为威胁人体健康、公共安全和社会稳定的因素之一；另一方面，人民群众对环境的诉求不断提高。一些群体性事件就是由环境问题引发的。发达国家上百年工业化过程中分阶段出现的环境问题，在我国集中出现，并呈现叠加性、复杂性、突发性等特点。从某种意义上

说，我国并没有能够避开先污染后治理的老路，重点地区和城市的环境也是在污染到一定程度后才开始治理的。随着我国工业化、城镇化的快速推进，污染物产生量仍将持续增加，未来的环境形势相当严峻。

一是生态建设任务繁重。中国部分地区生态系统脆弱、持续退化、破坏严重，生态系统承载能力明显下降。我国90%的可利用天然草原存在不同程度的退化，沙化、盐碱化等中度以上明显退化的草原面积约占50%；森林资源质量较差，人工林多、天然林少，幼林多、成熟林少，成熟林比重仅为10%；河道断流、湖泊萎缩、水体富营养化等问题突出；生物多样性受到严重威胁，44%的野生动物数量呈下降趋势，100多种高等植物、233种脊椎动物面临灭绝危险。

二是应对气候变化任务艰巨。我国正处于工业化、城镇化快速发展阶段，粗放式发展方式尚未得到根本转变，能源消耗总量在一定时期内仍将继续增加，以煤炭为主的能源结构仍将长期存在。我国应对气候变化基础工作薄弱，适应能力亟须加强；监测预警和应急响应体系尚不健全；节能、新能源和可再生能源等方面的技术创新和成果应用不足；低碳和气候友好等方面关键技术缺乏；碳市场相关制度和规则仍需完善；气候变化减缓和适应任重而道远。

三是防灾减灾能力有待进一步提高。近年来，我国自然灾害现象频繁发生，带来了经济社会发展的巨大损失。我国地震频度高、强度大、分布广、震源浅，进入21世纪以来大震频发，地震灾害极为严重；地震预测水平较低，房屋等建筑抗震能力较弱；大旱、特大干旱发生频率增加，东北、西北和华北地区大旱发生频率由每10年一次上升到10年两次，造成农业损失加重；旱涝灾害发生时段和区域出现异常，加大了防灾减灾和灾后恢复难度；我国气象灾害监测预警体系尚不健全；农村、近海、主要江河流域、山洪地质灾害易发区的灾害防御能力十分薄弱。

五、科技支撑能力不足

推进生态文明建设需要依赖绿色领域先进技术的创新、综合集成和大规模应用。尽管我国的科技水平有了长足的发展，科研投入不断增加，研究人员数量和质量也大幅提高，但总体上我国的科技水平仍与西方国家有相当大差距，不足以支撑生态文明建设。在节能减排核心技术研发上，我国自主创新能力还比较薄弱，科技创新储备不足，与国外先进水平存在一定的差距。新能源领域的一些核心技术缺失。

第四节　我国生态文明建设存在的问题与成因

一、当前我国生态文明建设存在的问题概览

如果把整个的生态文明建设比作万里长征的话，那么当前我国生态文明建设的进程也仅仅是万里长征的前几步。虽然已经取得了阶段性的成果，打开了良好的局面，形成了指导未来生态文明建设的科学理论，但在看到这些成绩的同时，我们也要清醒地认识到，当前我国的生态文明建设在具体实践中还存在着很多的困难和问题。

（一）循环经济自身的局限性和当前的制度性障碍

循环经济作为节约资源、保护环境的重要方式，它自身也有局限性，因为循环经济最理想的初衷是希望经济系统可以模拟自然生态系统的功能，形成所谓的“工业生态系统”，使资源在系统中得到高效、循环利用，减少污染物的产生。这样一种把自然生态系统中的原理应用到工业系统的过程必然需要长期的探索才能实现设想的结果。而我国推行循环经济的时间过短，许多问题还处于探索阶段，因此在实践中出现了“穿新鞋、走老路”的情况，已显现出来的后果就是造成了新的重复建设，浪费了有限的资金和发展的机会。除此之外，当前循环经济发展中的其他问题还包括：我国发展循环经济的政策机制还不完善；循环经济统计监测、考核制度及标准体系还不完善；循环经济还缺少技术支持等。虽然循环经济已成为我国主流经济概念，也取得了初步成效，但是循环经济发展毕竟还是起步阶段，在观念认识、制度环境、法律与政策、管理体制、技术支撑和外部推动力等方面均存在不同程度的缺陷。

1. 观念淡薄

虽然中国的传统文化中含有丰富的发展循环经济的思想，而且也有发达国家先污染后治理的前车之鉴，但是，我国的经济发展水平尚比较低，人们迫切希望尽快提高生活水平，因此，无论是决策层还是普通百姓，在面临国内生产总值和生态环境取舍的时候往往会选择前者。广大的执行者和民众对发展循环经济的认识还需要进一步提高。

2. 体制和制度滞后

合适的体制和制度是循环经济发展的保证。和循环经济发展先行国家相比，体制和机制滞后成为阻碍我国循环经济发展的重要挑战。作为循环经济发展的主体，企业发展循环经济的动力亟待加强。虽然我国在免除税款、给予补贴、提供优惠贷款等方面也出台了一些政策，但是相对而言，这些制度缺乏系统性，没有明确的目标，实施细节不先进，没有有效的资源环境成本评价体系。

3. 法律体系欠缺

我国的循环经济相关法律法规建设取得了很大的成绩，但是体系仍有待健全。目前的循环经济法律体系相对零散，缺乏全局统筹，严重影响了其法律效力的发挥。我国在循环经济法律的监督执行上与发达国家之间还存在一定的差距。

4. 技术创新水平不高

作为一个发展中国家，我国现有的技术水平和自主创新能力与发达国家还有差距。在最为关键的开采技术、环保产品技术、节能技术和资源综合利用技术方面装备水平低。在大型燃煤电厂烟气脱硫、城市垃圾能源化、城市生活污染水处理和高浓度有机废水治理等重要领域的一些关键产品设备还没有自己的制造技术。因此，技术成为制约我国循环经济发展的一大“瓶颈”。当前我国科技发展水平与循环经济发展不同步，技术进步并没有我们所期望的那么大。

5. 循环经济主体动力不足

各市场主体积极性的发挥是循环经济健康发展的关键。目前，我国各主体发展循环经济的动力明显不足，资源环境价值核算体系还有待完善。传统的“资源—产品—废弃物”的企业生产模式能够实现企业经济利益的最大化，但却导致了社会和生态环境效益的巨大损失，这一状况还未完全改观。

（二）不科学、不合理的消费模式

过度、奢侈、挥霍式的非理性消费问题突出，加剧了以牺牲生态环境为代价的生产，加大了全社会的资源环境压力。具体包括：党的十八大之前，城市建设贪大求洋，某些地方不顾当地经济、资源、环境的实际情况大兴土木、乱占耕地，违规修建豪华楼堂馆所，建造超世界级的大广场、大马路、大花园；高尔夫球场建设过多，既浪费了大量的资源能源，又破坏了自然生态环境。过度、奢华的包装现象严重，既浪费了大自然大量稀缺资源，又给生态环境造成了长期以至永久性的污染。一次性消费品激增，不仅造成了严重的浪费，而且其废弃物会产生无法预料的环境灾难。奢侈品成为新宠，奢侈品消费理念畸形发展，奢华之风愈演愈烈，创造出了一个又一个中国特色的消费神话，我国已经成为新的奢侈品消费国。能源资源高消耗，生态环境恶性循环。铺张浪费之风、违规的公款消费行为日趋突出，既败坏了社会风气，又影响了社会公平，严重阻碍科学、合理、文明的消费模式的建立。

（三）与保护生态环境相适应的具体政策存在细微缺失

当前我国生态文明建设之所以能取得显著的成就，首先应该得益于为保护生态环境而制定的一系列科学合理的政策的出台和实施。但当前还存在几点细微的缺失之处：新的土地使用政策的可操作性亟须明晰；淡水收费和排污收费标准不高，不同的区域收费没有体现出差异，解决地下水超采和洪涝灾害带来的严重生态问题缺乏相应的政策依据和保障；限额采伐政策缺乏约束力，森林生态效益补偿金政策不合理，毁林垦荒现象难以禁止；限制草原超载过牧的政策缺乏操作的有效性；缺乏真正意义上的矿产资源生态补偿制度；大气环境污染物的总量控制政策缺乏有效的可操作性。从宏观方面说，第一，在针对地方政府的政绩考核上，资源环境等指标的重要性还是不够。第二，“谁污染谁治理”的原则没有得到真正体现，生态补偿机制、公众参与机制尚未全面建立起来。资源和环境保护政策在实施过程中仍存在各种违规违纪现象。第三，我国在产品的强制性能效标准、节能产品的标准与标识、行业能效的标杆管理、政府节能产品采购、市场准入与退出机制等方面与国外先进做法还有明显的差距，不利于我国节能减排工作的深入开展及行业、企业绿色低碳的转型。第四，资源能源价格、财税政策及市场化改革相对滞后，环境经济手段的使用范围有限，不能形成有效激励的长效机制。针对化石能源、水资源的价格补贴，造成这些价格未能完全反映其全部成本，这也刺激使用者对能源与资源的过度利用，未能对资源节约、技术进步和结构调整产生足够的正向激励。第五，生态文明建设还面临相关统计、监测制度不完善的问题，存在统计口径不一致、数字失真等严重问题，不能真实反映经济社会运行过程中的资源消耗和环境污染问题。

（四）法律体系不完善

中国虽然初步建立起资源利用和环境保护法律法规体系，但是还存在许多问题，不能适应生态文明建设的需要。第一，不同法律之间缺乏协调和配合，存在重叠、交叉乃至矛盾和冲突的地方。第二，部分法律缺乏与之配套的行政法规，导致法律缺失程序性规定和可操作性。第三，在许多重要资源环境领域仍缺乏相应的法律规定。第四，执法不严问题还是比较突出。第五点尤其值得强调。由于部分法律法规的规定弹性较大，加上地方保护主义，对严格资源环境执法产生了较大干扰，导致“有法不依”“执法不严”“违法轻追究”现象在一定程度上较普遍存在，不仅降低了资源环境立法的效果，而且损害了法律法规的震慑力。

（五）管理体制未理顺

生态文明建设涉及发改、环保、农业、水利、住建、国土、工信、林业等多个部门，有赖于相关部门统筹规划、互相合作、共同推进。但是，目前我国生态文明建设的管理体制远未理顺。第一，各部门之间存在着严重的条块分割，并且部门间缺乏有效的协调与合作，导致多头管理、职责交叉、政出多门，沟通难、协调难等问题降低了整个政府宏观管理的效率和效能。第二，作为部门分割管理问题的延伸，中国的环境与发展综合决策缺乏实质性的融合与实施。第三，中央部门与地方政府之间的环境管理体制问题。以环保部门为例，从职责上看，地方环保部门的人事安排、财政资金来源主要隶属于当地的人民政府，中央的环保部门复杂制定各项环保政策，并组织各地环保部门学习贯彻，指导地方环保工作，但不能强制性命令。而在地方政府层面，往往出于地方利益和追求政绩的考虑，对资源和环境问题采取拖延等态度，也导致了中央环保部门出台的相关规定不能完全得到落实。

以上几点突出的问题，是当前发展阶段的局限所导致的政策缺失或不到位而产生的阶段性必然状况。本书认为，当下我国生态文明建设最亟须解决的问题就是生态文明建设在实践中大打折扣，正确的理论政策在实践中得不到很好落实的问题。

二、我国生态文明建设在实践中大打折扣的原因分析

我国在整个生态文明建设的各个环节、各个领域中，都突出地存在着生态文明建设的要求在实践中落实不到位、大打折扣的问题。比如说，有些地区贯彻落实生态文明建设的要求和精神时，采取的依然是“以会议贯彻会议，用文件传达文件”的形式，在大幅标语“既要金山银山，更要绿水青山”的背后，黑烟照冒，污水照流，乌烟瘴气，民怨载道。这种贯彻落实的方法，是永远不可能建设成习近平新时代中国特色社会主义思想指导下的生态文明社会的。当然这种现象不是全部，但是过分偏重经济效益，而使生态文明建设只停留在口号上、流于形式的地区有很大的比重，这也就使我国生态文明建设在实践中大打折扣显得那样顺理成章。经过深入系统的分析，本书认为，产生类似状况使当前我国生态文明建设在实践中大打折扣

的原因可以总结为以下几点。

（一）部分领导干部还没有从实现全面小康社会的战略高度，充分认识我国生态文明建设的极端重要性

虽然从党的十七大开始就已经明确提出了生态文明是全面小康社会奋斗目标的新要求，党的十八大、十九大把生态文明与物质文明、精神文明、政治文明、社会文明一并纳入了社会主义现代化文明体系的有机组成部分，但在具体实践中，部分领导干部还是没有像给予促进经济发展那样的精力和努力去贯彻落实。诚然，聚精会神抓经济、促增长无可厚非。众所周知，发展对全面建成小康社会、加快推进社会主义现代化具有决定性意义。这也是由我国长期处于社会主义初级阶段的国情决定的。但经过几十年的建设，促成我国经济实力显著增强的同时，我们也清醒地看到，我国长期形成的结构性矛盾和粗放型增长方式尚未根本改变，经济增长的资源环境代价过大。特别是近几年，突发性环境污染事件频出，由环境恶化引发的种种问题，成为制约经济社会持续发展、影响社会和谐安定的重大因素之一。正是在这种不实现生态文明更遑论全面小康社会的背景下，我们才提出了建设生态文明的新要求。没有生态文明就没有其他文明，生态文明是其他文明得以发展的基础。因此，生态文明建设作为全面建成小康社会的新要求绝不是可有可无的，建设全面小康社会的过程就是社会主义物质文明、精神文明、政治文明、社会文明和生态文明协调发展、整体推进的过程。作为领导生态文明建设的各级领导干部只有首先从实现全面建成小康社会的战略高度，充分认识到生态文明建设的极端重要性，才能在具体实践中谋划出扎扎实实推动生态文明建设的正确思路来。

（二）部分领导干部没有认真实践生态政绩观

政绩观是领导干部世界观、人生观、价值观的集中体现。政绩观直接反映领导干部从政的价值取向，是领导干部创造政绩的思想基础。有什么样的政绩观，就有什么样的工作追求和施政行为，就有什么样的政绩和多大的政绩。关于树立正确的政绩观的问题，历来都是广大领导干部的“老生常谈”。树立生态政绩观也是如此。特别是党的十七大提出了生态文明建设的新要求以来，树立生态政绩观一直是广大领导干部谋划科学发展始终回避不了的话题。生态政绩观是科学、正确的世界观，它与科学发展观互为前提，辩证统一。生态政绩观坚持真正的政绩是实现全面、协调、可持续的发展，它以实现人与自然协调发展作为行为准则，来建立健康有序的

生态机制，以实现经济、社会、自然环境的可持续发展。本书认为，认识到生态政绩观的重要性、树立生态政绩观肯定已经在各级领导干部中间达成共识，问题在于：认真落实和实践才是最根本的。特别是党的十八大以来，各级领导干部按照建设新时代生态文明的要求决策经济社会发展，成效显著，但也有的地区还是没有树立和实践生态政绩观。能带来财政收入猛增的项目仍是照旧上马，建设生态文明只是口号和标语，真正的“说是一回事，做是一回事”。这种错误的政绩观严重地影响了国民经济的可持续发展，制约了市场经济的有效运行，影响了党和政府的形象，降低了政府的公信力，损害了党同人民群众的血肉联系，最终势必会妨碍全面建成小康社会奋斗目标的顺利实现。因此，各级领导干部都必须清醒地认识到，面对复杂多变的国际环境，面临艰巨繁重的国内建设任务，要落实全面、协调、可持续的发展观，实现全面建成小康社会的奋斗目标，必须树立和实践生态政绩观，以利于做好当前的节能降污减排工作，倡导生态文明观念，建设新时代生态文明。

（三）当前生态文明建设中的法律法规制度体系和监督监察执法体系不健全、不科学，有的甚至形同虚设

与生态文明建设相配套的法律法规制度体系和监督监察执法体系是生态文明建设的依据和保障。当前生态文明建设中的法律法规制度体系和监督执法体系随着生态文明的实践而不断走向系统和完善。尽管如此，在导致当前生态文明建设在实践中大打折扣的众多原因中，这两项体系建设的不健全、不科学难辞其咎。本书认为，当前与生态文明建设相配套的法律法规制度体系建设的缺点在于整体性缺失和可操作性不强。众所周知，生态文明是人类社会的整体进步状态，建设生态文明是推动各项事业整体发展的系统工程。因此，与此相配套的法律法规制度，也要在这种整体性理念的指导下来制定和建立。另外，当前的许多法律法规制度与其说是在规范指导，还不如说是在敷衍应付，因为它们明显缺乏可操作性。毕竟不与我国国情相适应的任何制度建设都是起不到任何真正作用的。当前与生态文明建设相配套的监督监察执法体系存在的问题是执行中的不公平性所引发的实践中的两难局面。以污染型企业为例，曾几何时，城市中淘汰的很多污染严重、生产方式方法陈旧的工业产业转移到了农村，利用少数农村地区轻视环境、重视工业的发展思路，迅速做大做强了某一领域，毕竟利用别的地区禁止的生产方式迅速做大做强某一产业使其成为当地的支柱产业是轻而易举的。然而，在当前全国上下建设生态文明的战役中，当地政府在依法取缔污染企业的执法过程中，会尽可能地保护大型的企业集

团，想方设法为其辩护而极力保护。这样的结果是，被取缔的小型作坊式污染，企业可能就会抱怨不公而死灰复燃。这种类似情况所导致的执行中的两难局面层出不穷，成为制约生态文明建设在实践中大打折扣的症结之一。

（四）公民生态权利意识存在缺失，群众利益诉求的渠道不畅通、机制不科学

我们在集中精力搞好经济建设的同时，由于当时发展理念和增长方式的缺陷所导致的严重生态问题，又反过来制约我们的现代化建设进程。因此，我们认识到转变发展理念和发展方式、建设生态文明的重要性。但当前的生态文明实践依然问题重重。从主体性角度来讲，一个重要的方面就在于公民生态权利意识存在缺失。本来是山清水秀的家园被建成了浓烟滚滚、污水满地的工地，没有人不会心生气愤，但更多的也只是抱怨，抱怨这种伤天害理的举动，仅此而已。他们很多人不会想到这样的局面并不是党和政府的初衷，而是部分地方决策者错误的发展观所造成的心寒现状。当然这其中暗藏的是对党和政府的不信任，但主要的还是缺乏生态权利意识的表现。另外，即使广大公民意识到了这种权利的存在，但经过努力依旧改变不了这种现状。从广大人民群众的角度讲，一个重要的原因就在于我们现存的群众利益诉求机制不科学、渠道不畅通。还是以狭义的生态文明建设的实践困境为例，群众反映的自己世代居住的家园已被污染、无法生存的事实，在现有的诉求机制面前能最终如愿得到解决的情况是少之又少。不能说我们的党和政府不是为人民服务的政府，恰恰相反，党和国家以人为本的心情是越发的迫切，人民政府为人民服务的决心是越发的坚定，但在这样不容置疑的事实面前，群众反映的问题仍然在一定范围内存在，这其中固然是一部分不称职的领导干部错误发展观和政绩观在作祟，但是群众利益诉求机制的不科学、渠道不畅通也要承担很大一部分责任。

（五）少数人道德沦丧，利用科技进步的负效应，唯利是图，破坏文明进程，阻碍生态文明建设实践

生态文明是人类社会的整体进步状态。当前社会的道德滑坡和缺失现象正在严重阻碍这一进程。以三鹿奶粉事件为代表的众多食品安全事故，已经让人看清了道德沦丧之人，利用科技进步的负效应唯利是图的恶劣行径。众所周知，科学技术是人类文明进步的主要助推力，没有科学技术的推动，人类社会不可能步入今天这样的文明社会。当然，科技也有负效应。如今少数人利用科技进步的负效应进行的唯

利是图的勾当，反映的是道德的滑坡。这类唯利是图的事件层出不穷，不得不引起我们的忧虑和深思。本书认为，在市场经济的推进过程中，一部分人心中已经没有了敬畏，也就没有了良心和道德。因此，在当前社会倡导践行社会主义核心价值观，重塑科学精神至关重要。这一成效的好坏直接影响着社会风气，影响着文明程度，影响着生态文明的实践和全面小康社会的建设。

三、我国生态文明建设的决策在落实上存在问题的根源

当前我国的生态文明建设正随着整个全面小康社会建设的进程而稳步前行着，道路和方向是完全正确的。成绩有目共睹，问题也比较突出。但是中国现代化进程中生态文明建设最大的问题就是决策落实不到位、落实大打折扣的问题。本书认为，根源就在于：一是熟人社会的消极性阻碍生态文明建设进程；二是以人为本的民主政治建设在个别地方和个别范围内存在着的意识上的“虚幻”与操作上的“虚伪”现象制约人们正当合理的生态需求的实现与满足；三是社会道德滑坡对生态文明进步的冲击。

（一）熟人社会的消极性阻碍生态文明建设进程

熟人社会，是费孝通先生提出的概念。他认为，中国传统社会是一个熟人社会，其特点是人与人之间有着一种私人关系，人与人通过这种关系联系起来，构成一张张关系网。在日常生活领域保持熟人社会的亲情原则，有自身的合理性。熟人社会强调亲情原则的行为规则在日常生活中有着整合社会、维系人际感情和保持社会稳定与协调的积极意义。这是应该承认并继续提倡的。然而，熟人社会也存在其自身不可避免的缺点，如破坏规则，引发社会的腐败，寻租行为的泛滥，产生排外思想，导致整个社会风气的败坏等。另外，在熟人社会中，弥漫着权力大于法律、人情大于法律的社会意识，公权就容易被公职人员滥用于私利的背景，沦为熟人社会的交易工具。当前生态文明建设在落实上大打折扣，很大程度上可以归结于熟人社会的消极性一面。举个简单的例子就可以窥豹一斑：很多污染严重、生产方式早已被淘汰的企业之所以屡禁不止，就因为很多企业主利用了熟人社会的消极性进而颠覆破坏了正常的治理整顿秩序，使少数人发财，让大多数人埋单。

现代化社会的本质是由制度控制的分工合作的陌生人的社会。熟人社会的消极性不在于它的存在，而在于它同那些专业化领域和组织化领域之间的界限不清，在

于它的亲情原则越出日常生活领域去冲击和抵消专业化领域和组织化领域的原则或制度。熟人社会的原则或制度是源于生活，因此是人们最熟悉且最能有效利用的，它可以轻松地被人们扩展到日常生活之外的领域，可以无孔不入地侵袭、弱化甚或取代专业规矩和组织制度，陌生社会由此便无法阻拦地展开熟人化过程，以致私与公、情与理都被一股脑地搅在了一起，将社会公正和社会效率在界限不清、是非不辨的融合中被诋毁和抑制。

（二）以人为本的民主政治建设在个别地方和个别范围内存在着的意识上的“虚幻”与操作上的“虚伪”现象制约着人们正当合理的生态需求的实现与满足

人民民主是社会主义的生命，不断扩大社会主义民主，更好地保障人民权益和社会公平正义也是我国全面建成小康社会、实现社会主义现代化的重要奋斗目标。改革开放以来，我国坚持以人为本的理念，积极稳妥地推进政治体制改革，社会主义民主政治展现出了更加旺盛的生命力。但在看到成绩的同时，我们也应清醒地认识到，以人为本的民主政治建设在一定范围内还存在意识上的“虚幻”与操作上的“虚伪”现象。这个问题也是生态文明建设在落实上大打折扣的根源之一。意识上的“虚幻”，是指以人为本的民主政治理念还只是停留在表面，止步于空提口号。操作上的“虚伪”，是指以人为本的民主政治实践中没有让人民当家做主的本质得以充分体现；人民的正当利益得不到合理的畅诉与满足；权力的行使不公开不透明。在一定领域和范围内存在的这一现象严重制约着人们正当合理的生态需求的实现与满足。党的十九大前后的“环保风暴”期间，人们享受到了蓝天白云，而督察组期限完成后，再次出现污染反复的现象。这一状况值得深思。

众所周知，人的生态需求是现代文明社会中人类的基本需求之一。人们正当合理的生态需求是人类最基本的生存需求和重要的发展需求和享受需求。“优美的生态环境，不仅能陶冶人的情操，而且能发展人的思维、智力、体力，大大有利于人的身心健康和全面发展。生态需要得到较好的满足，不仅反映消费层次、消费质量的提高，也反映了社会的全面进步和社会文明程度的提高。”满足人们正当合理的生态需求是我国生态文明建设的基本内容和全面小康社会的重要目标和标志。当前，在一定领域和范围内，以人为本的民主政治理念没有真正地付诸实践，严重影响着人们正当合理的生态需求的实现与满足。以最显而易见的群众控诉污染企业为例，现在很多风景秀美、自然条件优越的地区，由于引进了大城市淘汰了的落后技术项目，迅速做大做强了某一领域的工业，成为当地的支柱产业，但也使当地人世代居住的优美环境成为历史。因此，越来越多的人希望政府能够解决这一问题，还大家绿水青山。但由于污染企业成为当地的重要财政支柱，所以政府就选择推诿、置之不理。大会小会贯彻着以人为本的民主政治理念，而事实上丝毫不顾及人们的正当合理的生态需求。类似这类情况不在少数，这也是生态文明建设在实践中大打折扣的重要根源性问题。

（三）社会道德滑坡对生态文明进步的冲击

关于这一点，在分析原因时已经做了深入分析，本书认为，这一原因可以上升为一个根源性问题进行思考。鉴于已经做过分析，在此不再赘述。

以上三点是对上一部分生态文明建设在实践中大打折扣的原因的再归纳、再思考。生态文明建设要在实践中真见成效，就得重点认清以上几点，这也是提出正确对策的前提。

第五章 新时代生态文明的建设路径

第一节　以制度体系加强生态文明建设

为了贯彻落实党的十九大精神，中共中央国务院发布了《中共中央国务院关于加快推进生态文明建设的意见》(以下简称《意见》)，对我国生态文明建设作出了顶层设计和总体部署，是一个全面指导我国生态文明建设的纲领性文件。《意见》在总体要求部分再次强调，深入贯彻习近平总书记系列重要讲话精神，认真落实党中央、国务院的决策部署，坚持以人为本、依法推进，坚持节约资源和保护环境的基本国策，把生态文明建设放在突出的战略位置，融入经济建设、政治建设、文化建设、社会建设各方面和全过程。中国共产党把生态文明建设纳入国家发展大计，上升为国家意志，彰显了党和政府对于生态文明建设的高度重视。政府的政治导向在生态文明建设中起着关键作用。我国是行政主导型的政治运行机制，这决定了在生态文明建设中，政府应发挥主导作用，把生态文明建设融入政治建设各方面和全过程，构建生态文明建设的政治保障，促进生态文明建设。

一、健全生态文明的法律法规

大力推进生态文明建设必须建立和完善环境法律制度。只有把生态文明理念融入环境立法、司法和执法等方面，加快生态文明环境法制建设，才能保障生态文明制度建设的有效推进。将生态文明理念融入环境法律制度建设，不仅是生态文明建设的内在要求，也彰显了我党依法治国的执政理念。

（一）完善生态文明建设的相关立法

改革开放40年来，我国基本建成了较为完备的社会主义法律制度，形成了中国特色社会主义法律体系。随着我国法制建设的不断深入、完善，现有的立法制度有的已不能适应生态文明建设的现实需要，建立完善的环境立法制度是促进社会经济可持续发展的重要保障，是生态文明建设的必然选择。

完善的环境立法制度是环境法律建设的基础。我国环境立法是遵循宪法中有关环境保护的基本内容而制定的相关生态环境保护的各种法律制度。近几年，我国陆续制定了较多的关于环境保护的法律体系，在环境保护上取得了巨大成绩。但审视我国环境立法体系，不论是综合性的环境保护法还是单行性立法，在立法的基本理念、具体内容和可操作性上仍存在不足之处：制度设计相对滞后，缺乏有效的管理方式和制度创新；法律实施效果与最初的立法初衷不完全一致；中央立法对地区性的具体情况考虑不周，实践中难以推进等。因此，应进一步完善环境立法制度，把生态文明理念融入环境立法，加强环境立法制度创新的设计，突出生态文明建设的发展要求，加快科学立法体系建立。我国在环境立法中应从以下三个方面着手进一步完善环境立法制度。

1. 把生态文明理念融入环境立法，进一步完善环境立法体系

《中华人民共和国环境保护法》（1989年）在坚持“谁污染、谁治理”的原则下，虽然在理论上为治理环境污染提供了解决方案，虽有制度规范，但在执行上效果不理想，一些经济主体排放废水、废气、废渣污染环境问题并没有得到有效遏制，并未从根本上解决环境污染问题，只是保障生态环境服务于人类的经济价值，而没有考虑到自然环境作为资源给人类带来的生存意义。另外，单一地规定有关环境污染防治的各项内容，也导致其法律效力不高，未将环境保护落到实处，同时对资源可持续利用问题也关注不够，削弱了其原本的环境保护的立法功能，忽视了环境立法中保护环境的初衷，并没有完全体现生态文明的要求，是不完备的环境立法体系。

全面推进依法治国，大力推进生态文明建设，要求把生态文明理念融入环境立法中，深刻体现生态文明建设的历史使命，转变陈旧的环境立法理念，转变环境立

法重心，由“经济优先”原则调整至“生态与经济可持续发展”原则，在推进经济社会发展的同时强调加强环境保护。在具体实践中，可实现由“污染治理”转向“污染承担”，严惩污染者。

2. 环境立法要与时俱进，反映客观现实

法律的制定源于现实的需要，鉴于我国环境形势的新发展，对于新产生的环境问题犹如雾霾治理、环境安全、生态红线等方面的立法，需要重新制定相关法律。所以，应积极推进环境立法体系建设，制定符合我国生态文明建设的环境法律制度。

2015年1月1日起施行新修订后的《中华人民共和国环境保护法》(以下简称《环境保护法》)。新《环境保护法》贯彻了中央关于大力推进生态文明建设、关于全面推进依法治国的要求，是现阶段最能体现生态文明理念的环境保护法。新《环境保护法》中首次明确规定“保护优先”的原则，加强了对污染环境行为的惩处力度，加大排污惩治力度，对拒不改正的排污企业实施“按日处罚”制度。另外，对主要负责的领导干部实行“引咎辞职”政策，提高了生产者及领导干部的生态责任意识。

3. 加强环境立法相关条例的协调性，充分体现生态文明建设的关联性、整体性要求，提高环境立法的可操作性

目前，我国各项单行性环境立法配合不足。我国现存的单行性环境立法仅从维护单一部门利益角度对开发、利用、管理等方面做出相应规定，并未统筹协调其他部门利益。例如，目前我国现行的针对水资源保护的法律有《环境保护法》《中华人民共和国水法》《中华人民共和国水污染防治法》和《中华人民共和国水土保持法》等。但当流域内河流遭受污染时，各项法律之间关系不清，各个法律条例中规定的管理部门不同、职权责任不明等，导致河流水资源保护管理体制混乱，真正遇到水污染时，现行制度成为摆设，无法发挥其法律作用。另外，有些领域的单行性环境保护法尚存空缺，比如放射污染、电磁污染等，至今无法可依。

针对目前我国环境立法的相关条例缺乏协调性，各立法之间出现重复、交叉甚至权责不明的问题，应注重把生态文明理念融入环境立法，强化相关法律、法规之间的联系，把环境保护相关法律、法规有机结合起来，促进充分体现生态文明理念的环境保护立法体系的形成。这样，不仅能提升环境保护法律的整体地位，也能增强环境保护法在生态文明建设实践过程中的可操作性。此外，保护环境是每个公民

应尽的义务，公众的参与也极为重要。在民意基础上的立法才能让人们更好地遵守。因此，环境立法要接地气，扩大立法过程中的群众基础，调动群众参与立法的积极性和主动性。具体来说，在形式上，以群众为基础，听取群众意见，公开透明立法形式，拓宽群众参与立法的渠道，改进立法草案的群众征集形式，提高群众意见的可行性；在机制上，进一步强化公众参与机制和监督机制，完善公众参与相关法律条例，确保体现生态文明建设的环境保护法律的实践效力。

（二）完善环境司法制度

司法是法治建设的重要内容，是实现依法治国的法律保障。司法机制，狭义的是指以法院为中心的各种诉讼法活动规范的总和，而广义的解释是指以法院裁决为中心的包括调解、仲裁所有的定分止争的人类活动规范的总和。环境司法制度建设是环境保护立法的补充，是相关行政部门履行环境立法的依据。全面推进依法治国，加强环境保护、生态文明建设，必须将生态文明理念融入环境司法体系建设，可从如下四个方面着手。

1. 健全司法保障体系，强化环境司法制度建设

环境司法制度建设的目的是保护生态环境，加强生态文明建设。把生态文明理念融入环境司法制度建设，建立健全环境司法制度不只是简单地对造成生态破坏的行为给予打击，而且还要重在对生态环境的保护与改善。通过公正的司法审判，对造成生态环境破坏的行为加以惩治，使遭到破坏的生态环境得到应有的恢复与补偿。但目前我国相关法律对司法责任承担标准不一，完备的司法修复补偿体系尚未真正建立，使许多破坏生态环境的违法者钻法律漏洞，造成更严峻的生态破坏现状。基于此，我国应强化环境司法制度建设中融入生态文明理念，建立以检察机关为主体的诉讼制度，加大环境司法的力度，着重解决环境纠纷案件，及时查处破坏生态的犯罪行为并予以制裁。此外，多年来，我国环境法律建设一直以行政为主导，忽视了司法建设，在一定程度上降低了司法的地位，要转变这一趋势，必须加强司法建设，发挥专职人员在司法工作中的主观能动性。同时还要建立环境纠纷预警机制，形成立法与司法的合力，共同化解生态环境矛盾。另外，着力从源头上排查污染，大力展开对环境纠纷预警的排查工作，对涉及污染源的重点地区、重点行业和重点企业及时开展环境风险评估，提出有针对性的预防和化解措施。

2. 加大环境司法制度建设力度，积极推进环境公益诉讼制度

目前，我国环境司法制度建设存在一定的不足，司法懈怠普遍存在，个别行政机关对环境司法诉讼认识不足，消极对待环境相关的司法诉讼案件，个别机关甚至

不接受司法部门监督，削弱了政府和司法机关的权威，导致环境保护问题未能及时解决，生态危机加深。因此，党的十八届四中全会提出要完善确保依法独立公正行使审判权和检察权的制度，积极探索建立由检察机关提起的公益诉讼等新的机构和制度体系。以环境保护为内容的环境公益诉讼是推进环境保护法得以实施的重要环节。环境公益诉讼一方面强调检察机关的环境保护职能，加强其环境保护的社会责任；另一方面有助于加快形成有关环境公益诉讼的主体、对象、范围及其程序的法律规定，完善环境公益诉讼制度体系。

3. 环境立法不能仅停留于一纸空文，应从立法的纸面中走出来

依据环境保护案件的特殊性和时效性，在司法中设立独立的环保法庭。环保法庭的建立，是打破从前环境案件的民庭、刑庭、行政庭等审理方式的大胆尝试，设立专门的审理环保案件的环保法庭。凡是涉及环境保护、环境破坏等案件，无论民事、刑事还是行政案件均可由环保法庭集中审理，走环境司法专门化的新道路，在加快环境保护案件的审理速度的同时，推进环境保护建设。

4. 加强环境司法人员队伍建设，提高环境司法水平

司法主要由人民法院和检察机关履行，其工作人员的法制意识和司法水平直接影响着环境司法执行得好坏。因此，切实增强人民法院对生态环境司法保护的能力，加强环境司法人员队伍建设，是全面推进依法治国、提高环境司法水平的重要举措。随着生态文明建设的大力开展，依法治国理念的深入，对生态环境保护的力度逐步加大，涉及生态环境案件会日益增多。鉴于生态环境案件的专业性较强，应加强对环境司法人员的专业素质培养，强化司法人员的生态文明意识，增强其对生态环境保护的使命感、责任感，将生态保护、司法保护上升为一项事关国家、社会乃至全人类发展的重要事业。通过开展多种多样的环境保护专题讲座和培训活动，培养精通环境保护案件的司法专家，确保环境司法走向规范化、制度化，增强司法机关人员生态保护的主动性、积极性，使之真正认识到环境司法保护的重要职责。

（三）完善环境执法制度

执法机制是法律实施的关键环节。环境执法，是指国家行政机关、法律授权、委托的组织及其公职人员行使环境执法权的活动。近年来，我国加强了环境执法力度，对遏制生态环境的破坏发挥了重要作用。但我国在环境执法中仍存在许多欠缺，主要问题在于：权责不明、手段固化、配合不足。现阶段我国环境执法主要以政府为主导，统管与分管相结合，执法部门之间执法权限不明确，配合不到位，执法权力过于分散。比如，对一条河流的治理涉及环保部门、水利部门、农业部门等多部门，导致一旦出现环境问题，大家互相推诿责任，执法混乱，相互缺乏配合。

又如，目前我国环境执法手段受政府管理体制影响，在计划经济体制下形成，行政手段居多，多以命令、控制为主，手段老套固化，经济手段不足，没有发挥市场激励和公众监督的作用。针对目前我国环境执法中存在的诸多问题，将生态文明的发展理念融入环境执法建设，应着重从以下三个方面加强。

1. 转变环境管理体制，加强环境执法机制建设

在环保机构的设置中，建立全国统一性的环境管理机构，以向地方派出机构的形式参与地方环境事务的监督管理，在法律上明确派出机构的执法地位、执法权限和执法职责，以增强其法律效应；在环保机构的责任建设中，明确政府在保护环境中的责任，实施监督监管者的法律机制，以完善政府的环境责任职责；在环保机构的考核机制中，明确政府及其行政机关整体的法律责任，将生态环境质量综合考评纳入考核机制，以完善政府及官员的考核指标体系。建立高效运营的环境执法体制，强化政府责任意识，加强政府环境治理战略，各级党委、政府应充分意识到保护环境在社会主义建设中的重要性，努力实现经济发展与环境保护相协调。建立与环境发展相关的政策，对环境保护坚决实行领导责任制，把环境保护工作纳入领导考核的指标中，严格贯彻执行保护环境的执法机制。

2. 改变环境执法方式，建立环境行政执法约谈模式

依据市场经济发展的实际情况，转变原本计划经济下固化的环境执法方式，更新单一的行政执法模式，建立环境行政执法约谈模式。环境行政执法约谈，是指在环境行政执法过程中，享有行政执法权的行政主体，通过约谈沟通、学习政策法规、分析讲评等方式，对社会组织运行中存在的问题予以纠正并规范的准行政行为。环境行政约谈模式是现行行政约谈的表现形式，是建设服务型政府的软性执法方式之一。增强环境执法能力不能运用单一执法方式，一方面，要运用强硬规定，遵循“违者必究”原则；另一方面，更要运用软执法，加强引导示范，劝告鼓励等方式。加强环境执法普及，走进群众，宣传环境执法理念，鼓励群众对环境执法进行监督。

3. 加强环保执法的部门配合，深化各执法部门的责任

环境执法是在国家机关统一领导，各地方政党协调配合下完成的。认真履行生态保护责任，是各环保部门义不容辞的职责。改革开放以来，我国在环境政策执行方面，一直是由中央统一出台新政策，地方执行中央部署，但中央不应仅是下达命令，要求地方执行，而应积极参与环境政策的执行，主动承担环境政策的执行，加强对地方生态文明建设的环境执法力度。在执法过程中推进各级环保执法部门的配合，明确环保部门责任，保证各部门的有机协调，杜绝消极推诿职责的现象，提升环保执法效率。另外，可完善环境监管机制，调动机关、政党、人民团体及新闻媒

体进行舆论督导检查，使之严格执法，确保执法力度。在深化执法部门责任的同时，要强化执法的意识，规范执法行为，加大执法力度和对违法行为的追究。总之，完善生态文明建设的环境执法机制，就是要加强执法责任，转变执法手段，加强执法配合。

二、完善生态环境保护制度

把生态文明建设融入政治建设各方面和全过程，构建生态文明建设的政治保障，离不开在政治建设中的制度体系创新。只有从政治建设的角度对生态环境保护制度体系进行完善与创新，才能促进生态文明建设。生态环境保护制度体系包括自然资源资产产权制度和用途管制制度、生态环境监管制度、资源环境生态红线制度及生态保护补偿机制等。

（一）健全自然资源资产产权制度和用途管制制度

《意见》指出，要明确国土空间的自然资源资产所有者、监管者及其责任，明确各类国土空间开发、利用、保护边界，实现能源、水资源、矿产资源按质量分级、梯级利用。自然资源是人类赖以生存和发展的基础，由于大部分自然资源的不可再生性，决定了应从自然资源开发的源头上防范破坏生态环境的行为。源头防治最重要的是政府要明确自然资源的产权问题。我国自然资源的占有权是国家，即集体所有制，但具体的使用权则可酌情分配给具体的使用主体，而最终的收益权则仍为全民共享。因此，自然资源产权要求公平分配自然资源的使用权和收益权。这样，在明确了自然资源的产权、使用权和收益权后，依据有效的环境保护制度，对自然资源进行科学的管理和开发，保障自然资源的可循环利用和生态环境的可持续发展。《意见》还强调，完善自然资源资产用途管制制度；严格节能评估审查、水资源论证和取水许可制度；坚持并完善最严格的耕地保护和节约用地制度；完善矿产资源规划制度。

（二）完善生态环境监管制度

《意见》指出，建立严格监管所有污染物排放的环境保护管理制度。完善污染物排放许可证制度，禁止无证排污和超标准、超总量排污。违法排放污染物、造成或可能造成严重污染的，要依法查封扣押排放污染物的设施设备。我国在污染物排放方面相关的制度滞后，存在总量控制与环境监管机制不健全等问题。我国应尽快建立并完善废弃物管理制度，激励企业治理环境污染。《意见》还强调，对严重污染环境的工艺、设备和产品实行淘汰制度。实行企事业单位污染物排放总量控制制度，适时调整主要污染物指标种类，纳入约束性指标。健全环境影响评价、清洁生产审核、环境信息公开等制度，建立生态保护修复和污染防治区域联动机制。当前，我国应完善生态环境监管制度，应尽快立法，规定国家实行污染物排放总量控制制度，制定科学的污染物排放总量控制管理办法，为相关政策的制定实施提供法律依据和可操作性。

（三）严守资源环境生态红线制度

生态红线是从宏观生态环境角度，以生态功能为核心的总的红线。准入红线是从污染源入手，针对保护项目所设立的红线标准；环境质量红线则是从环境的状况和目标角度加以限定，确保不同区域环境的质量在一定标准的范围之内。生态红线的划定一方面给人以警示的作用，体现了环境保护制度的权威性；另一方面也规定了环境保护的底线原则，彰显了环境保护制度的不可逾越性。生态红线的提出是强化生态保护的强制性规范性手段，将对维护国家和区域生态安全、保障我国可持续发展能力发挥十分重要的作用。

（四）健全生态保护补偿机制

加强生态补偿制度建设是我国当前修复生态环境的重要手段。习近平指出：要“建立反映市场供求和资源稀缺程度、体现生态价值、代际补偿的资源有偿使用制度和生态补偿制度，健全生态环境保护责任追究制度和环境损害赔偿制度，强化制度约束作用”。生态补偿机制针对区域性生态保护和环境污染防治领域，是一项具有经济激励作用，与谁污染谁付费原则并存，基于受益者和破坏者付费原则的环境保护制度。资源有偿使用制度和环境损害赔偿制度是生态补偿制度的重要组成部分。我国要探索全面反映市场供求、资源稀缺程度、生态环境损害成本和修复效益资源性产品价格形成机制。坚持使用资源付费和谁污染环境、谁破坏生态谁付费原则，加快开征环境税，完善计征方式。同时对受到环境污染的企业和个人要给予经济赔偿，可以使“污染者负担的原则”落到实处，从而有效地分解和传递环境责任，并彰显生态公平。我国健全生态保护补偿机制，还要建立排污权交易制度。排污权交易是指各污染源在排污总量控制指标确定的前提下，利用市场机制，自由买卖排污权的一种制度。我国应按照“谁开发谁保护、谁受益谁补偿”的原则，尽快建立并完善废弃物及排污收费制度，将排污权交易引入市场机制，把污染治理从政府的强制行为变成企业自主的市场行为，运用经济杠杆来激励企业节能减排。环境损害赔偿制度是一项环境民事责任制度，它建立的机制是通过对环境不友好甚至是污染破坏的行为的否定性评价来引导人们不去从事破坏环境的行为。任何人或者企业，如果不依法履行环境保护义务，都可能会招致巨额的赔偿。环境损害赔偿制度看似是对事件发生后的赔偿问题，实质是提倡对生态环境的保护，是对破坏环境行为导致环境危害的警醒，是对人们破坏环境后果的明确预期。

三、完善经济政策

《意见》指出，健全价格、财税、金融等政策，激励、引导各类主体积极投身生态文明建设。生态文明建设是一个长期的过程，只有建立科学的、规范的、长期的、稳定的经济政策支撑体系，才能推进绿色发展，促进经济社会和生态环境协调发展和资源的永续利用，才能推进我国生态文明建设的进程。这些经济政策包括产业政策、财税政策、金融政策等。

（一）完善生态文明建设的绿色产业政策

传统的“先污染后治理”的老路已走不通，必须走经济、社会、生态协调发展的路子。随着人们绿色意识水平的提高，绿色消费、绿色产品需求量激增，为绿色产业的发展创造了良好的条件。只有绿色产业才是真正实现由粗放型向可持续的循环经济发展模式的转变，才能推进生态文明建设。因此，应制定符合生态文明要求的产业结构政策，为绿色产业提供必要的政策支持。

1. 调整工业内部结构，促进产业结构优化升级

当前我国产业结构还不够科学完善，轻、重工业结构失衡，工业内部产业结构仍处于相对较快的变动中，必须采取适当的政策来引导和促进工业内部产业结构调整，以促进产业结构的优化升级，推动绿色产业的发展。

2. 加大绿色科技创新投入，推动绿色产业的发展

科技进步是实现我国人与自然协调发展的决定性因素，通过绿色技术的应用不断提高第二、三产业能源利用率，降低能源消耗，减少污染排放。当前应重点加强低碳技术、能源开发与替代技术、清洁生产技术、废弃物循环利用技术、环境污染防治技术、生态环境监测等的研发与使用，推动绿色产业的发展，从而推动生态文

明建设的进程。因此，政府必须为绿色产业提供基础研究和技术开发方面的帮助，增加对绿色科技创新研发的资金投入，从而推动企业绿色技术的研发与投入使用，促进产业结构的优化调整。

（二）完善生态文明建设的财政支撑体系

财政政策是宏观经济调控的重要工具和手段，对生态文明建设具有促进和导向作用。当前，我国应加大对生态文明建设的资金投入，完善政策体系，确定一定时期内不断加大生态文明建设的投入比例，构建一个稳定的生态文明建设资金投入机制。

1. 完善绿色预算制度

预算制度作为政府的年度财政收支计划，是财政政策的主要手段，是政府进行宏观调控的重要工具。完善绿色预算制度，要调整预算收支结构，设立生态文明建设专项资金，以确保生态文明建设资金的稳定投入。通过调整绿色预算收支结构，增加财政的节能投资力度，提高节能投资占预算内投资的比重，增加对生态产业的资金投入，鼓励生态产业的发展；减少对高投入、高污染、低产出的产业的资金供应，限制其发展。

2. 完善绿色采购制度

完善绿色产品政府采购制度，就要加快对绿色产品政府采购的立法进程，扩大绿色产品政府采购的范围，完善环保产品的认证体系。首先，要制定绿色采购标准。绿色采购标准是有效实施绿色采购的前提条件。因此，借鉴发达国家的绿色采购经验方法，完善现行的清单制度，确保清单的绿色环保特性；建立绿色采购的绩效评价标准，明确绩效考核细则，建立绩效评价机制，保证绿色采购资金使用的合理性与可持续性。其次，建立良好的信息沟通机制，促进政府绿色采购工作的顺利开展。因此，要加强绿色采购的宣传教育，培养全社会绿色采购意识，提高对绿色采购的认可，公开有关绿色采购产品的性价比信息，提高全社会对绿色采购的支持。

3. 完善绿色税收体系

由于我国目前税收政策缺乏独立的生态环境保护税种，税收优惠政策不完善，因此要建立和完善绿色税收体系。首先，调整并完善现行资源税。一要扩大资源税征税范围。扩大资源税的征收对象，将水、海洋、湿地、草原、森林等自然资源纳入征税范围，同时将各类资源性收费并入资源税，实行资源税费统一。二要提高征收标准。完善资源产品的定价机制，提高资源型产品的价格，并按稀缺程度不同相应提高单位税额，从而促进企业和个人节约资源，提高资源利用率。其次，制定并开征环境税。环境税就是把环境污染和生态破坏的社会成本，内化到生产成本和市场价格中去，再通过市场机制来分配环境资源。当前，我国要开征生态保护税，对一些自然资源产品因开发带来的资源和环境的破坏，应征税以作生态补偿；开征碳税，征收二氧化碳排放税促使企业加大低碳技术创新，减少二氧化碳排放，减少环境污染。最后，加大税收优惠力度，支持环保产业发展。国家应进一步加大税收优惠力度，减免环保企业所得税，对污水和垃圾处理企业的两税予以免征或即征即退。

4. 制定并实施押金/退款制度

近年来，押金/退款制度在发达国家得以广泛应用，有效地提高了产品的回收利用率，节约了资源，减少了污染物的排放。押金/退款制度，即对可能危害环境的产品在销售时要求消费者支付除产品本身价款之外的一定数额的费用，在这些产品的废弃物按照要求被回收或将它们的残余物送到指定收集系统后，押金方可退还消费者的制度。目前，我国尚未制定押金/退款制度，我国可借鉴国外较成熟的经验，制定并实施此制度，从而引导企业和消费者回收固体废弃物，节约资源，减少污染。

（三）加快投融资机制改革，完善生态文明建设的金融政策体系

生态文明建设需要大量的资金支持，仅靠政府财政投入难以满足其资金需求。因此，应以政府财政投资为主体，拓宽投融资渠道，建立全方位、多元化投资机制，为生态文明建设的顺利开展提供资金保障。

1. 完善绿色信贷政策

绿色信贷政策，即对污染企业减少或禁止发放贷款，对生态企业融资提供支持，以此来遏制资源危机和环境恶化问题。绿色信贷政策是解决我国环境恶化问题的新策略，能够有效地抑制高能耗、低产出、高污染产业的发展，刺激环保企业的发展，促进绿色经济的发展。因此，我们应建立“信贷支持节能环保”的长效机制。首先，应加强监管，提高透明度，完善银行业信息披露制度。银行业在信贷投放时，将环境、社会、经济等因素纳入银行自身的信贷管理和对企业的评估系统中。对公众关心的具体项目在环境和社会影响等方面的信息，要及时公布于众，加

强绿色信贷信息共享工作，公开披露他们的环境承诺及放贷业务方面的信息，信息动态及时更新，使银行信贷的环保依据更充分、更透明。其次，实行倾斜贷款优惠政策，促进环保产业和企业的发展。对生态产业、循环型企业、绿色技术的研发提供信贷倾斜政策，进一步加大对低排放低污染的产业、环保企业及环保技术研发的支持力度，对污染物排放超标企业采取限贷、停贷、收回贷款等措施，减少其信用额度，从而促进企业自主治理环境，提高环保技术，促进我国绿色经济的发展。

2. 发挥金融机构的融资功能，为生态文明建设提供融资支持

首先，扩大证券市场的直接融资功能。优先考虑大型优质生态企业的上市融资，降低上市门槛，为生态型企业提供上市融资的机会；大力发展中小生态企业，获取发展生态文明的支持资金；推进生态文明创业板市场的建立与完善，创立专门的生态建设融资市场，为生态企业或特定资源类企业创造可持续性的直接资金来源。其次，完善银行的间接融资功能。充分利用低成本的政策性资金来支持循环型中小企业融资，对循环型高科技产业等建设生态文明有突出作用的重大项目和技术开发、产业化示范项目，优先给予资金补助、贷款贴息等资金支持。最后，创新保险业务，制定环境污染责任保险制度。保险业对生态文明建设具有强大的金融支持功能。要创新保险业务，鼓励保险公司购买或参与设立循环经济风险投资基金或认购生态企业发行的股票、债券等，从而为生态文明建设提供强大的金融支持。保险业还具有分散风险、承担经济补偿的特殊功能，决定了它对防范和化解绿色技术开发、应用带来的风险具有重要作用，制定环境污染责任保险制度，是当前发挥保险业防范风险功能的重要部分。环境污染责任保险，即以排污单位发生的事故对第三者造成的损害依法应负的赔偿责任为目的的保险。因此，必须及时完善环境侵权立法，使企业自动购买环境污染责任保险。同时，对保险方式、强制保险的适用对象、保险责任范围等方面也要结合我国实际国情做出改善。

四、建立和完善领导干部生态绩效考核评价与责任追究制度

生态文明建设不仅需要政策支持，更需要政府的科学管理。在我国传统的政府管理中，生态管理职能薄弱，领导干部生态绩效考核评价体系不健全，环境责任追究制与群众监督参与机制不完善，管理滞后，过度注重经济发展而忽视了生态环境的保护，以破坏自然环境为代价换取经济增长。虽然现代化进程加速，经济大幅增长，但是不合理的经济发展方式造成了环境恶化与资源匮乏，甚至某些地区已陷入

发展的困境。因此，要建立和完善领导干部生态绩效考核评价与责任追究制度，创新政府的生态管理职能，协调经济发展与生态环境的矛盾，实现人与自然的和谐相处，加速生态文明建设的进程。

（一）建立和完善领导干部生态绩效考核评价体系

当前在经济发展、干部考核中仍存在片面追求经济增长，忽视或轻视生态环境保护的问题，导致生态文明建设进程缓慢。因此，必须转变观念，把生态绩效放在经济社会发展评价体系的突出位置，不能单纯以国内生产总值增长率来评判一个领导的政绩，要尽快推行领导干部任期内生态政绩考核制，将环境代价计入发展成本，将环境污染程度、生态效益等体现生态文明建设状况的指标纳入领导干部政绩考核的内容，建立体现生态文明要求的目标体系、考核办法、奖惩机制，使之成为推进生态文明建设的重要导向和约束。《意见》指出，要建立体现生态文明要求的目标体系、考核办法、奖惩机制。把资源消耗、环境损害、生态效益等指标纳入经济社会发展综合评价体系，大幅增加考核权重，强化指标约束，不唯经济增长论英雄。完善政绩考核办法。完善领导干部的生态政绩考核制度，还要建立生态政绩考核的制度保障体系和监督机制。要把党政领导干部生态政绩考核的内容、方式和标准法律化、制度化，真正做到有章可循、有法可依、按章办事。对领导干部进行生态政绩考核评价的目的，在于科学评价领导干部的工作实绩，引导领导干部形成正确的施政导向。

（二）建立生态责任追究制度

问责制即责任追究制度，在我国引入时间较短，发展滞后。生态行政问责，即政府及有关人员在生态环境保护方面不作为、干预执法及决策失误，或者地方政府所辖区的生态质量无法达标或者出现生态环境质量严重恶化时，追究政府及其有关人员的责任。当前，我国生态问责制不完善之处，主要有权责不分、问责制度和相关法律缺失、执行不力等。建立健全生态问责制，是建设责任政府的本质要求，是强化政府生态责任的重要保障。我国现行法律法规对生态环境问题谁负责、如何负责、问责程序等问题没有明确规定，导致政府生态责任缺失。因此，要结合我国实际，针对当前生态问责制存在的问题，采取有效措施以建立健全生态问责制，强化政府生态责任。但是长期以来，我国生态责任追究制度很不完善，这就导致一些领导干部只顾经济利益而忽视长远的生态利益，盲目决策致使资源环境遭到严重的破坏，而事后又可以逃避问责。对此，习近平指出，要建立对领导干部的责任追究制度。对那些不顾生态环境盲目决策、造成严重后果的人，必须追究其责任，而且应该终身追究。要对没有履行或没有履行好相应的资源环境保护职责的领导干部追究其行政责任，使领导干部逐步认识到无视生态利益、破坏资源环境的行为与违反法律、失职、渎职并无本质差异，逐渐完善生态责任追究制度。在生态责任追究的时效性上，要体现终身化的追责原则，即领导干部要终身为自己的“生态有过”或“生态无为”行为负责，领导干部不仅要为自己任期内的重大环境事故负责，而且在其卸任后，还要为自己在任时的错误决策而导致的生态环境恶果负责，这样生态责任追究制度便具有了溯及以往的效力，这对领导干部履行生态责任具有极大的敦促作用。

第二节　以生态文化助推生态文明建设

20世纪中叶以来，人们在陶醉于技术的巨大进步所创造的辉煌的工业文明的同时，也越来越意识到传统经济发展模式不可能继续下去，有必要寻求新的可持续发展模式，以摆脱人类目前面临的困境。为使人类从技术所导致的生存困境中解脱出来，人们在思考、在探索、在寻找出路，在这样的大背景下，形成了一种新的文化——生态文化。生态文化为生态文明做了思想上的准备，对生态文明建设具有推动作用。

一、生态文化的基本内涵

20世纪60年代初，美国著名学者蕾切尔·卡逊《寂静的春天》的出版，向人类敲响了生态危机的警钟。特别是1972年出版的《增长的极限》，在世界各地引起了巨大的反响，一场拯救人类的环境运动由此引发，一种尊重自然的生态文化逐渐形成。

生态文化是伴随着时代文明前进和发展的步伐而逐步形成的。随着工业化进程的加快，人类的物质财富急剧增长。与此同时，地球的资源储备不断减少，环境污染越来越严重。人类不得不考虑如何合理地解决困扰可持续发展的资源、环境等难题，深刻地反思人与自然、人与生态、人与环境的关系，由此便产生了生态文化这一重新认识人与自然关系的新的思维方式、新的理念，并赋予它深刻的时代发展的内涵。

什么是生态文化？生态文化从狭义来讲，是人类适应环境而创造的一切以绿色植物为标志的文化。包括采集狩猎文化、农业、林业、城市绿化，以及所有的植物学科等。随着生态学和环境科学研究的深入，环境意识的普及，生态文化有了更为广义和深层次的内涵，生态文化即人类与自然环境协同发展、和谐共进，并能使人类可持续发展的文化。生态文化的内涵既包括了持续农业、生态工程、绿色企业，也包括了有绿色象征意义的生态意识、生态哲学、环境美学、生态艺术、生态旅游，以及生态伦理学、生态教育等。

生态文化是人类的新文化运动，是人类思想观念领域的深刻变革，是对传统工业文明的反思和超越，是在更高层次上对自然法则的尊重。几十年来，生态文化的理念广泛渗透到人类经济、科技、法律、伦理以及政治领域，预示着人类文明已从传统工业文明逐步转向生态文明，并将以自然法则为依据来改革人类的生产和生活方式。

生态文化是人与自然协调发展的文化。随着人口、资源、环境问题的尖锐化，为了使环境的变化朝着有利于人类文明进步的方向发展，人类必须调整自己的文化来修复由于旧文化的不适应而造成的环境退化，创造新的文化来与环境协同发展、和谐共进，实现可持续发展。生态文化强调以下几方面内容。

第一，生态文化作为一种自然观，是用生态学的基本观点观察现实事物和解释现实世界的一种理论框架，是对传统哲学的革命。人类只有一个地球，地球是我们和子孙后代唯一的家园。地球生态系统是脆弱的，如果听任传统工业文明对地球自然生态环境进行摧残和破坏，人类将无家可归。

第二，生态文化是在市场经济基础上发展起来的一种经济文化。经济是文化的基础，离开经济，文化就失去生存与发展的动力。生态文化的发展首先得力于以环保产业和绿色食品工业为代表的全球绿色浪潮的兴起与发展，这种经济浪潮是人们面临生态失衡、环境危机和生存危机时所选择的一种文明经济，较好地处理了人类在黑色文明与黄色文明时期所遇到的尴尬，它使社会成员在考虑个人利益的同时，必须注重社会的整体利益和持续利益，并把这种倾向发展成为一种可普遍接受的社会观念，从而打破了“社会”与“自然界”两大生存系统的分裂（这两大系统是过去人为分割的），构建起新型的经济—生态系统，由此也构建了新的文化基础。

第三，生态文化强调要以可持续发展为人类社会活动的宗旨，并以人类生存利益为其社会活动的标准。地球的资源是有限的，不能认为人类改造自然的能力是无限的。把“人定胜天”推向极致，将使人类陷入生存困境。要积极倡导人际之间公正的合作伙伴关系，积极倡导发达国家支援发展中国家经济建设，改善生态环境，为逐步减少世界贫困人口的基数而努力。在考虑当代人的生存与发展的同时，合理开发和生态环境建设，考虑子孙后代的生存与发展。

第四，生态文化要求传统技术向绿色技术过渡。传统技术以物质和能源的高消耗、低产出和排放大量废弃物为特征；而绿色技术就是对生物圈物质运动过程的功能模拟，它是一种无废料工艺，这种生产以闭路循环形式在生产过程中实现资源最充分和最合理的利用。生态文化要求，从传统生产向“生态化”生产过渡，即用绿色技术为新的技术形式改造传统产业，建设生态化的产业。当以绿色技术为基础的生态产业成为社会物质生产的中心产业时，人类将实现继农业革命（第一次产业革命）和工业革命（第二次产业革命）之后的第三次产业革命，以创新的精神，运用各种科学知识实施清洁生产工艺，去开发新技术、新材料和新能源。

第五，传统伦理学只关注一个物种的福利，生态文化关注促成地球进化的几百万物种的福利，把道德研究从人与人关系的领域扩大到人与自然关系的领域，研究人对地球上生物和自然界行为的道德态度和行为规范。生态文化以维护人类的生存环境为其社会活动的前提，遵照地球伦理学的原理，调整人口的自然增长，缓解人口、资源、环境之间的矛盾。

第六，生态文化的目的是使受教育者获得关于人与环境关系和人对环境的作用，环境对人和社会的作用，以及如何保护和改善环境，如何防治环境污染和生态破坏等知识。生态文化关注环境教育，通过各种形式，通过各种传播媒介，从幼儿园、小学、中学到大学，培养人的环境价值观，提高人的环境意识和环境道德修养，从而提高人的保护环境和建设环境的素质。

第七，生态文化时代要求人类生活方式“绿化”，即按照生态保护的要求，以适度消费代替过度消费，过一种简朴、方便和丰富的生活，符合人的尊严和幸福的生活。生态文化要求以绿色生活实施绿色消费为人类的主要生活方式，同时以保护生物多样性为人类社会活动的重要内容。生态文化要求发展生态农业，形成以沼气为中心环节的多种产业构成的食物链，变废为宝，净化农村的生态环境，提高食品的安全程度，以利于人类健康的发展。

总之，生态文化的兴起，为自然生态系统免遭人类开发活动的破坏将起到积极的作用，从而唤起人类对自然生态系统的道德理性，有了这种道德理性的约束，人类会很好地保护自然，使各种经济和社会活动不超越自然生态系统的极限。因为人类的未来不仅取决于人类自己的智慧和理性，还取决于生态系统和社会系统的稳定、有序。生态文化和生态科学知识的日益推广普及，有助于人类建设一个循环型的社会，有助于人类根据资源保护、环境恢复和重建生态平衡的实际需要，确定各种生产生活活动合理的投入量，充分考虑物质产品消费后有利于在自然界中分解还原，能够加大自然生态系统的正常演化和良性循环，并逐步建立低度消费资源，节约使用能源，有利于生态环境和生产生活持续发展的资源消费体系。

二、生态文化建设的必要性及重要意义

（一）生态文化建设的必要性

生态文化建设之需要，源于工业文明造成的日益加深的全球性生态危机。生态文化是针对合理利用生态资源、保护生态环境，达到人与自然和谐相处、经济社会可持续发展的目的的一种新文化。我们人类与自然界的万事万物都是相互关联的，必须处理好人与自然的关系，我们人类才能安定、和谐地长期生存与发展下去，而生态文化的建设对此则起着至关重要的作用。工业革命以来，世界各国生产力得到空前的发展，我国的经济也飞速发展，然而我们过分关注国内生产总值的增长，忽视了环境的污染和资源的低效利用带来的危害，结果作为文明古国的中国，也面临着严峻的生态危机，资源匮乏，环境污染。中国首部环境绿皮书《2005：中国环境危局与突围》中指出，我国1/3国土已被酸雨污染，主要水系30%成为劣质水，60%的城市空气质量为三级或劣三级，市民呼吸不到清洁的空气。世界银行2001年发展报告中列举的世界20个污染最严重的城市，中国占16个，中国正在为环境污染付出沉重的代价，中国的环境保护工作正面临着越来越严峻的挑战。对此，我们必须反思自己的文化，并用生态文化来创建新的生态文明，创建和谐美满的生态社会。

生态文化是解决生态危机的必要条件。造成生态危机的因素有多种，但主要原因还是各种人为的因素，如在工业生产中形成的废水、废气等，会造成空气、水的污染。日常生活中垃圾、污水等废弃物处理不当，会造成空气、水、土壤的污染。造成环境恶化的因素和形式多种多样，归根结底还是与人类缺乏环境保护意识相关，人们缺乏对人与自然生态系统全面关系的正确认识，从而导致生态危机之恶果。因此，人类缺少一种悟性，一种文化，一种在开发自然、创造文明过程中的不断反思，缺少一种先进的生态文化。只有弘扬生态文化，协调人与自然的关系，把

握生态环境中的“度”，人类才能使自己的行为不超越客观阈限，与环境协调发展。所以，生态文化理念的缺失是造成环境污染和生态破坏的重要原因之一。

因此，要解决我国的生态危机，务必尽快建设生态文化。在生态文化精神的指导下，理性地看待人与自然、人与社会、人与人的关系，审慎地处理好上述各种关系。为了使环境的变化朝着有利于生态文明进化的方向发展，中华民族必须建设生态文化来修复由于旧文化的不适应而造成的环境退化，与环境协同发展，和谐共进，从而推动生态文明建设的进程，造福于子孙后代。

（二）生态文化建设的重要意义

生态文化建设是生态文明建设的重要思想基础。推进生态文明建设，建设资源节约型、环境友好型社会，实现人与自然的和谐相处，实现中华民族的永续发展，必须以理性的生态文化为基础。靠文化精神立国和治国的中华民族尤其如此。目前，建设环境友好型社会、发展循环经济、走可持续发展道路，已经成为我国的一项共识。因此，必须培养和建设生态文化。

生态文化建设有利于提高人们的环保、节能意识。环境意识是指人与自然环境关系所反映的社会思想、理论、情感、意志、知觉等观念形态的总和，是人类思想的先进观念，是一种新的意识形态。环境意识是实施可持续发展战略的条件，因为在实施可持续发展这一社会变更中，要求人们价值观的变革，而环境意识则是新的价值观的核心，并且有先导的作用。树立环保节能意识，才能避免人类再走“先污染，后治理”的老路，处理好当前和长远的关系，尽快由高投入、高消耗、高排放、低效率、粗放型的经济增长方式，向低能耗、高效率、集约型的经济增长方式转变，节约资源，保护环境，才能实现建设资源节约型、环境友好型社会的目标。

生态文化建设能够加强人们对生态文明建设的必要性、重要性和紧迫性的认识，推动新时代的文化变革。生态文明建设是一个复杂的社会系统工程，绝非靠少数专家学者所能推动，它有赖于全球70多亿人生存方式的革新，因而，通过建设生态文化，去唤醒人们的危机意识，建立起生态意识，尊重自然、热爱自然、保护自然。只有这样，人们才能自觉约束自己，超越自私和短浅的视野，自觉地做一名“大自然的守法公民”；也只有这样，生态文明的要求才能渗透到社会的政治决策、经济行为和公众生活中去，实现从精神文化向制度文化和器物文化的延伸。

生态文化建设有利于体现人文道德精神。环境保护问题归根结底是人对环境、人对自然的态度问题，因此必须从如何提高并影响人对环境的认识和行为做起。人是生态文化的创造者，生态文化又要求人们在充分认识自然的存在价值和生存权利的基础上，增强对自然的责任感和义务感，热爱自然、善待自然。它集中反映人与自然的协调与和谐，因而体现了人文道德精神。

综上所述，建设生态文化，创建生态文明，是我国社会经济持续发展的战略选择，也是构建和谐社会，促进社会主义精神文明，实现可持续发展的必然要求。

三、我国生态文化建设的现实途径

《意见》为我国生态文化建设提供了理论指导。生态文化是新时期国民共有的价值体系，发展健康向上的生态文化，能够为推进我国生态文明建设提供原动力，对我国环境保护工作的深化起到先导、推动和监督的作用。因此，我国必须大力加强生态文化建设。

（一）建立和完善生态文化建设的法律法规体系和管理体制

目前，我国虽然颁布实施了多部环境保护的法律和法规，如《环境保护法》《中华人民共和国气象法》《中华人民共和国固体废物污染环境防治法》等，但有部分法律法规还不完善。生态文化的建设要以健全完善的法律法规为支撑，国家应建立适应社会经济和谐发展的相关政策和法律法规体系，修改和完善在保护生态环境方面滞后的立法，注重生态环境立法的现实性和可操作性，使立法在实践中能够顺利实施，充分地解决环境问题的综合性、关联性、区域性、持续性问题，解决社会、经济和环境保护相互渗透的综合性问题。这是完善环境保护法律法规体系的当务之急。具体来说，一方面要加强执法者的法律观念和意识，完善执法环境，建立法制型社会，做到执法必严，违法必究；另一方面，应建立奖惩制度，对于守法的企业或个人给予奖励，对于违法者则应加大惩处力度。

（二）继承和发展我国传统的生态文化

《意见》指出，“挖掘优秀传统生态文化思想和资源”。中国传统儒家的“天人合一”的生态哲学思想是迄今为止人类最重要的生态智慧的一部分，它明确肯定了人是自然界的产物，是自然界的一部分，人的生命与万物的生命是统一的，而不是对立的，它强调整个自然界是一个统一的生命系统，把尊重自然界的一切生命的价值看作宇宙生命存在和发展的基本前提。毫无疑问，建设生态文化要吸取我国传统文化的精髓，但是也应看到，我国传统文化与生态文化并不是完全一致的。我国传统的天人合一理论构成了一个消除对立、差别与矛盾的系统，包含着人对自然的敬畏和依顺。生态文化建设，就是要用科学态度对待民族传统的生态文化，既批判地继承和发展了民族优秀的生态文化传统，又充分体现了时代精神，理论联系实际，古为今用，将中国传统的生态文化运用到现代科技发展之中，不断地进行改造与创新，建设出适应现代中国发展的生态文化。

（三）加强国民生态科学知识的教育和普及

《意见》指出，要"提高全民生态文明意识。积极培育生态文化……从娃娃和青少年抓起，从家庭、学校教育抓起，引导全社会树立生态文明意识。把生态文明教育作为素质教育的重要内容，纳入国民教育体系和干部教育培训体系"。导致生态危机的根源之一，就是人类缺乏保护环境和节约资源的意识。所以，以各种形式开展的生态知识普及和教育就显得尤为重要。从20世纪80年代开始，美国、德国等发达国家已经采取治本措施，通过设立基金、立法等手段将生态文化教育纳入从幼儿园到大学的社会教育系统，对全体国民进行生态环境保护教育，从制度上保证了生态环境观念深入人心。因此，我国要将生态教育纳入教育系统，通过学校教育普及生态哲学、生态科学和生态保护等方面的知识，促进受教育对象从小就具有较高的环境意识和良好的环保习惯，实现对传统价值观念的转型。

《意见》还提出，要"组织好世界地球日、世界环境日、世界森林日、世界水日、世界海洋日和全国节能宣传周等主题宣传活动"。因此，我们要做好生态文化知识的宣传、普及工作。我国通过每年的世界水日、世界气象日、世界环境日、世界人口日、世界地球日等纪念活动日，对公众进行宣传、教育，让公众切实了解到我国环境污染的现状，培养公众的生态文化观念和生态伦理意识，加深公民对环境保护的广泛关心和理解，激发他们积极参与环境保护活动的热情。

（四）借鉴国外生态文化建设的先进经验

不可否认，西方各国在推动环境保护工作、发展生态文化建设方面有很多值得我国借鉴的经验。但是由于我国和其他国家的社会发展阶段和经济发展程度不同，所以当我们学习其他国家的保护生态资源的经验时，既要立足本国，大胆吸收世界一切优秀生态文化建设成果，又要反对民族虚无主义和全盘西化，必须要考虑我国的国情，制定切实可行的政策。

（五）加强生态文化建设的公众参与和监督机制

《意见》提出，生态文化建设要“鼓励公众积极参与……构建全民参与的社会行动体系……有序增强公众参与程度”。1970年4月22日，美国有2 000万群众参加了环保游行，这一天被称为“世界地球日”，并得到永久性纪念，这就是公众参与环保运动的开端。环境保护不是某一个部门和某一个人的责任，而是重要的公共事务，是关系公众切身利益的大事，群众有权参与，保护环境是为了人民群众，环境保护必须依靠人民群众。我国的环境污染和生态破坏日趋严重，发动全社会广泛的参与和监督是加强生态文化建设的重要途径。政府应确立公民法律上的基本环境权，包括公众的健康权、知情权、检举权、参与权等；政府公开有关环境保护的信息；广泛发展起来环境保护民间团体以及社区组织，鼓励群众积极参加环境建设，做好本职工作中的环境保护，监督破坏环境的行为，支持环境执法。

第三节　以生态文明观推进和谐社会建设

习近平总书记指出，必须树立和践行“绿水青山就是金山银山”的理念。只有加强生态文明建设，才能满足人的生态需求，使人们获得生态幸福，为人的全面发展创造条件，才能建成生态和谐社会。近年来，在党和国家的高度重视下，我国加大了资源环境保护的力度，目前环境污染、资源破坏日益加剧的趋势已得到了初步的遏制。但从总体上看，当前资源环境破坏问题仍然比较严重。我国工业生产过程中排放大量废水、废气、废渣带来的环境污染问题和不合理开发利用自然资源而导致的森林锐减、水土流失、土地沙漠化等资源破坏问题，仍十分普遍。同时，由于我国环境污染而导致的突发性环境公害事件也逐年增多，严重损害了居民的身心健康，影响了民众生活幸福指数的提升，威胁了生态安全，干扰了社会正常秩序，引发了社会矛盾。因此，遏止环境恶化，加强生态文明建设，以生态文明观推进和谐社会建设势在必行。

党的十八大以来，提出加强社会建设、构建和谐社会的新要求。社会主义和谐社会既包括人与人协调发展的社会和谐，也包括人与自然协调发展的生态和谐。生态和谐是社会和谐的基础，是和谐社会的组成部分。在一定意义上说，只有生态和谐才能保证经济持续健康发展；只有生态和谐才能为人民提供良好的生活环境，为居民提高生活质量创造条件；生态和谐在很大程度上丰富了和谐社会的内涵，符合和谐社会的发展理念。因此，以生态文明观推进和谐社会建设是建设社会主义和谐社会的题中应有之义。

一、以生态文明观构建和谐社会的基本要求

以生态文明观构建和谐社会，形成一种人与自然和谐发展、相互促进、互利共生的社会形态，即生态和谐社会。它通过人与自然的和谐来促进人与人、人与社会的和谐，其核心内涵是人类的生产、生活和消费活动与自然生态系统的协调可持续发展，其根本目的是使人获得生态幸福，实现人的全面发展。生态和谐社会不仅是指人对自然态度的转变，而且指在人与自然和谐背景下的人与人之间、人与社会之间的和谐与文明，是一种多向度的和谐共生。生态和谐社会关注人的发展状况，主张通过改善生态环境来提升人民生活质量，鼓励人们按照生态理性原则发展自己、完善自己。生态和谐社会作为适应于生态文明要求的社会形态有其不同于以往社会形态的时代特色，概括起来它有以下特征。

（一）人与自然关系和谐

人与自然关系和谐是生态和谐社会的根本特征。生态和谐社会是遵循自然规律与社会规律建立起来的社会模式，它处处体现了人与自然的和谐共生，社会与生态环境的和谐共处，生产与消费的和谐有度，社会法则与自然法则的和谐共存。生态和谐社会要求对环境污染实行综合治理，强调生产、生活、消费活动要与资源环境承载能力相协调；生态和谐社会要求遵循民主原则，使居民切实地参与到生态文明建设的决策与管理之中，实现全民参与生态文明建设；生态和谐社会要求人们遵循生态伦理原则，强调树立尊重自然、顺应自然、保护自然的理念，在全社会范围内形成一股绿色道德新风尚。

（二）生态幸福

生态幸福是指人们的生态需求得到满足而产生的心理及生理上的愉悦体验。生态和谐社会强调培育生态意识，弘扬生态文化，倡导绿色休闲、绿色生活，进而塑造完善的生态人格，培养人的生态审美情趣，丰富人的社会关系及交往形式，人们

的精神面貌随之焕然一新，使人们获得生态精神幸福；生态和谐社会强调治理污染，打造宜居环境，发展绿色生产，倡导绿色消费，进而满足了人们对优美的生产生活环境、健康的绿色产品的需求，使人们有机会充分享受生态物质幸福。

（三）生态安全

生态安全是指人的生存与发展，经济、政治、社会活动的有序运行不受环境公害的威胁。生态和谐社会具有较强的生态危机应急处置能力，可以有效地规避环境风险，为居民提供生态环境安全；生态和谐社会能够处理好经济发展与资源环境之间的矛盾，保证经济持续健康发展，为居民提供生态经济安全；生态和谐社会能够粉碎国际生态殖民主义利用生态问题对我国进行的恶意攻击，为国人提供了生态政治安全；生态环境、经济、政治的安全最大限度地保障了社会的有序运行，各种矛盾的顺利解决，进而又实现了生态社会安全。

（四）生态公平

生态和谐社会要求全体社会成员共同承担生态责任，共同履行生态义务，平等地享受生态文明建设的成果。生态和谐社会建设注重生态文明的平衡发展，既关注大城市生态环境的治理，也关注偏远落后的农村生态环境的改善；既关注沿海发达经济带的生态建设，也关注西部欠发达地区的生态治理。生态和谐社会强调全体社会成员平等地占有和分配自然资源，严厉打击破坏资源环境，损害他人生态利益的罪恶行为；生态和谐社会强调代际公平，当代人不能不负责任地过度开发自然资源致使资源枯竭，影响子孙后代的可持续发展。

二、以生态文明观推进和谐社会建设的基本途径

以生态文明观构建生态和谐社会要求培育社会成员的生态伦理观、生态审美能力，促进人的全面发展；要求全面改善社会成员的居住环境，打造优美、健康、安全、舒适的宜居环境，提升人们的生活质量，获得生态幸福；要求变革传统的生产、生活、消费方式，全社会都应采取有利于维护生态和谐的生产方式，倡导科学合理有节制的消费方式，引导人们享受绿色生活。构建生态和谐社会最终要达到的理想状态是使人们在人与自然和谐共生之中实现自身的全面发展，过上幸福、安康的美好生活。我国加强生态文明建设，构建生态和谐社会可以从以下四方面入手。

（一）培育公民的生态文明观，促进人的全面发展

党的十八大报告明确提出，要“加强生态文明宣传教育，增强全民节约意识、环保意识、生态意识”。培育公民的生态文明观是加强生态文明建设、构建生态和谐社会的精神动力。只有公民在理智及情感上真正地接受了生态文明理念，才能有建设生态文明的行动。同时，生态价值观、生态伦理观内化于心的过程以及生态审美能力的培育过程也是公民发展自己、完善自己、提升精神境界的过程，是实现人自身全面发展的重要途径，这符合生态和谐社会强调人的发展的一贯立场和基本要求。

首先，可以运用网络、电视、报刊等多种传媒手段，广泛地向公众宣传生态文明理念，强化民众对生态安全、生态幸福、生态公平的认识，使民众自觉维护生态安全，树立生态幸福观，增强生态维权意识，提高生态政治参与能力；让公众了解节约资源、保护环境所必备的生态知识，使公众掌握节能环保方面的基本技能，增强民众在日常生活工作中的生态处置能力，进而全面提升民众的生态实践能力，为人的全面发展奠定基础。

其次，社会环保组织可以举行全民性的生态公益活动来激励吸引民众参与到生态实践中来，让民众在生态实践中深刻地体验人与自然和谐所带来的身心愉悦，让民众在生态实践中创新交往形式，丰富社会关系，提升精神生活质量。例如，可以组织全民性的公益环保活动或招募志愿者对受伤的动植物进行救护，不同年龄、性别、身份的人为了同一个绿色梦想聚到一起，相互配合，有组织地进行清除垃圾、植树造林、保护动植物的生态公益活动，既为生态文明建设切实地贡献了力量，又使民众内心自然而然地升腾起对大自然的伦理关怀，同时又创造了一种全新的社会交往形式，即生态交往，或在生态实践中结成的人与人的和谐关系，这种全新的社会交往形式在生态学的维度上丰富了人的社会关系，推动了人的全面发展。

最后，生态文明观的培育应当从小抓起，学校教育是关键。可以适当地在中小学课本中加入一定量的生态文明教学内容，有计划地开设生态文明参观考察课，让学生从小就接受生态文明理念的熏陶，培养其尊重自然的生态伦理观，训练其欣赏自然之美的生态审美能力，进而陶冶其性情，丰富其人格，提升其精神境界。同时，加强高校中的生态教育工作，尝试在全校范围内开设生态教育选修课，使不同专业的高学历人才都能够按照生态逻辑思考问题，促进其思维方式的生态化转向。通过各级学校的生态教育，最终培养出遵守生态道德，具备生态审美情趣，拥有生态逻辑思维能力的全面发展的人才。

（二）加强生态环境建设，打造居民宜居环境

党的十九大报告在总结以往实践的基础上，提出了构成新时代坚持和发展中国特色社会主义基本方略的“十四条坚持”，其中就明确地提出“坚持人与自然和谐共生”。在具体论述生态文明建设的重要性时，报告前所未有地提出了“像对待生命一样对待生态环境”“实行最严格的生态环境保护制度”等论断，报告在论及着力解决突出环境问题时，甚至提出了“打赢蓝天保卫战”的理念。

构建生态和谐社会的首要任务就是为居民提供良好的生态环境，给人们一个“天蓝、地绿、水净的美好家园”，让人们生活在一个优美宜人、安全舒适的环境之中，这是实现社会成员平等地享受生态文明建设成果的重要体现，也是生态和谐社会提高人民生活质量、生态幸福指数的重要手段。相反地，人们居住环境恶化往往严重地损害人们的身心健康，影响人们的生活幸福，阻碍人的全面发展，引发社会问题，造成不和谐、不安定的局面，危害生态安全。因此，加强生态环境建设、打造居民宜居环境就成为构建生态和谐社会的重中之重。

具体地说，生态自然环境是宜居环境的自然基础，它决定着居民能否健康、安全地生活，因此，要运用多种手段，综合治理环境污染，为打造宜居环境创造自然条件；生态人工环境是宜居环境的重要保障，它决定着居民能否舒适、便利地生活，因此，要通过景观生态规划，重新设计、改造和建设生态人工环境，为居民提供方便优美的工休场所。

生态自然环境综合治理的根本任务就是解决好水、大气、固体废弃物的污染问题，因此，应以先进的生态技术降低生产生活过程中废气的排放，对废水进行净化处理，对废物进行资源化、无害化处理；针对废水、废气具有流动性的特点，加大对废水、废气污染的区域联防联治力度，建立共同责任机制，区域间应相互配合，共同围堵废水、废气，避免相互推诿责任、消极治理的情况发生，最终还给居民一缕清新的空气，一汪清澈的碧水，以及一个干净、安全的居住环境。

生态人工环境建设的根本途径是通过科学合理的景观生态规划重新设计居民的生产生活环境，实现自然景观和人工景观优化组合，将“城市中的河流水系、滨水地区、山丘土丘、山峰海滩、特殊或稀有植物群落、部分野生动物栖息地等”自然景观与文物古迹、公园、广场等人工建筑物组成的人工景观进行合理的规划与重组。通过景观生态规划“合理地规划景观空间结构，使廊道、嵌块体及基质等景观要素的数量及其空间分布合理，使信息流、物质流与能量流畅通，使景观不仅符合生态学原理，而且具有一定的美学价值，而适于人聚居”。景观生态规划使人工景观

与自然景观有机地结合起来，居住环境的外貌设计依据本地区所处的地理环境、气候条件而定，合理安排道路、建筑及公园广场等人工景观的整体布局，加大对相对脆弱、敏感的自然景观的保护力度，扩大绿化面积，最终建造一个美丽、舒适、和谐、安全的人类宜居区。

（三）倡导绿色消费，选择绿色生活

党的十九大明确提出，要努力形成合理的消费模式，养成健康、节约的生活方式。倡导绿色消费，既可以满足人们正常的物质需求，又可以节约资源，保护环境，实现人与自然的和谐；选择绿色生活可以实现生活方式的绿色化转向，使人们获得生态幸福，实现人的全面发展。因此，倡导绿色消费，选择绿色生活是构建生态和谐社会的重要手段。

绿色消费是一种人与自然相和谐的消费模式，它倡导消费者购买健康、安全、清洁的绿色产品，要求消费过程无污染，倡导适度消费、合理消费，反对严重超出资源环境承载能力的奢侈消费，一些人的消费行为不能损害另一些人的生态利益。绿色消费为我们提供了一种协调人与自然关系，推动资源环境可持续发展的新模式，同时对那种奢侈、浪费、无节制的消费方式持坚决批判的态度，它倡导简朴、健康、有节制的理性消费，使人们在物质享受与保护资源之间找到了新的平衡点，既满足了人们对物质生活的需要，又不损害资源环境，发展绿色消费可以最大限度地节约资源，有效地解决我国人口众多、人均资源占有量低、生态环境压力大的难题。绿色消费反对把物质享乐本身看成人生唯一的价值所在，主张通过简洁而又充实快乐的方式进行消费，把消费活动看成获取生态幸福、完善自身的手段。

生活方式在本质上表现为人的存在方式、行为方式，它涉及人们如何进行日常活动、衣食住行，如何分配闲暇时光等方面，并集中体现了人们的境界、品位、爱好，以什么样的生活方式决定了以什么样的行为去对待生态环境，获得什么样的身心体验。随着我国现代化的不断深入，人们的生活方式逐渐呈现出高耗能、高污染、享乐主义的趋势，严重影响经济社会的可持续发展，人们的精神生活也日渐匮乏，使人们在纷繁杂乱的物质享乐中迷失了自我。只有选择绿色生活，实现生活方式的绿色化转向，才能促进人与自然的和谐，使人重新找回自我。因此，一方面应大力倡导绿色消费，提倡绿色出行，过更节俭的物质生活，追求更丰富的精神生活；另一方面要充分利用好闲暇时光，进行绿色休闲。随着生产力的不断发展，人们可支配的自由时间、休闲时间日益增多，休闲方式正逐渐成为生活方式的核心，

“选择闲暇时间分配方式，也就是选择自己的生活方式”。绿色休闲引导人们走进大自然，让人们在蓝天、碧水、阳光、森林中体会人生的真谛，在美丽的自然风光之中放松心情、愉悦身心、重拾自我，享受生态幸福，实现人的全面发展。

（四）加强和创新社会管理，完善政策法律制度体系

党的十九大明确指出，加快建立绿色生产和消费的法律制度和政策导向，通过制定科学合理、行之有效的政策、法律、制度来推动社会进步发展。党的十九大这一新论断为生态和谐社会的构建指明了方向。

首先，生态和谐社会的构建要求加强和创新社会管理，建立反映公平性原则的生态利益共享机制。生态和谐社会讲求整体利益、长远利益，公平地分配利益，但在实际中，生态利益的分配往往有很大的不公正成分，一部分人先行抢占，独享生态文明建设的成果，使其他人失去享受生态利益的机会，沦为生态弱势群体。这就要求政府牵头建立生态共享机制，通过生态参与来保障相关生态建设项目决策、执行的公平性，畅通生态维权渠道，公平地反映不同群体的生态利益诉求，平等分配生态利益，消除环境不公待遇；建立生态危机应急处置机制，通过建立生态环境评估体系，对脆弱敏感易发环境问题的区域、领域实行实时监控，为生态危机应急处置提供早期预警，政府应设置生态危机应急处置部门、制定应急处置预案，确保突发性环境危机来临时能够第一时间作出反应，解决问题，减少损失，稳定秩序，安定人心；大力发展社会环保组织，有效分担政府在生态管理方面的压力，政府应主动放权，社会环保组织要勇于承担，形成多元化治理模式，社会环保组织应充分利用自身“非官方”“公益性”的有利身份，与民众建立起温和、理性的沟通渠道，及时化解因环境问题而引发的社会矛盾、群体事件，防止事态进一步扩大与升级。

其次，完善构建生态和谐社会的相关政策、制度体系。一是完善构建生态和谐社会的投资政策。政府应采取财政、税收、金融等政策给予生态文明建设大力支持，鼓励和保障民间资本投入到构建生态和谐社会中来，补充国家财政资金投入的不足。二是完善绿色市场政策。我国各级政府要借鉴发达国家发展绿色市场的成功经验，结合本地实际情况，大力培育碳排放交易市场、可再生能源市场、排污权交易市场等，逐步建立服务社会化、专业化、规范化的绿色市场服务体系。三是建立体现生态文明要求的责任体系和奖惩制度。建设生态文明，构建生态和谐社会也是一个公平地分配环境资源与平等地承担生态责任的问题。要建立健全资源分配与生态责任承担制度，对因资源的开采与利用遭受环境污染和破坏、遭受生态损失的地

区实行生态补偿制度；党的十八大对污染排放严重的企业，实行生产工艺排污许可证制度；要建立环境污染责任保险制度，对环境污染受害人实行无过错赔偿制度等。

最后，完善构建生态和谐社会的法律体系。一方面，要加强构建生态和谐社会的相关立法，填补法律空白。我国立法部门应该精心制定对国家、企业、个人以及生产消费各个环节均有约束力的法律法规体系来支撑生态文明建设，使我国的绿色法律法规体系系统化、层级化，进一步细化构建生态和谐社会所必需的专项法律法规。另一方面，加强执法力度，提高执法能力。要通过健全执法体系、树立执法权威、创新执法模式等方式从执法机制创新的角度适应构建生态和谐社会的要求；执法人员要努力提高执法能力，运用先进的技术手段深入现场调查取证，对破坏生态环境的企业、单位以及个人进行严肃处理，有效地制止其破坏生态环境的行为，保障构建生态和谐社会的各项法律法规的有效实施。

第四节　以绿色企业发展循环经济

党的十九大报告将生态文明建设放在国家战略层面的重要位置，将其与经济建设、政治建设、文化建设、社会建设并列，彰显了国家对于生态文明建设的重视。传统企业粗放型的发展模式不仅浪费资源，而且造成了环境污染和生态破坏。转变经济发展方式、推进绿色发展是生态文明建设的必由之路。只有加强创建绿色企业，发展绿色经济，才能解决企业浪费资源和环境污染问题，实现生态文明建设的目标。

一、创建绿色企业是生态文明建设的必然选择

绿色企业是指以发展循环经济为己任，将环境利益和对环境的管理纳入企业经营管理全过程，促进企业经济效益与环境效益最优化并取得成效的企业。它要求企业经营者应具有把企业建成生态企业的意识和谋略，是以大力降低原材料和能源消耗，按照少投入、低消耗、低污染、高产出的集约化方式生产，实现高效、无废、无害、无污染的绿色工业生产。创建绿色企业实质是引导企业进行绿色化转型，是以树立生态价值观为灵魂，运用绿色技术多层次地循环利用自然资源，创立无污

染、着重避免废弃物的生产系统，建立物质多层次利用的生态体系，从企业自身的发展模式到产品的整个加工生产过程以及产品的营销策略等都将本着保护环境的原则，最大限度地降低废弃物对环境的影响，最大限度地减少乃至消除由生产所产生的废弃物对环境造成的污染，极大地提高了资源的利用率。创建绿色企业是加强生态文明建设的重要举措，是实现企业经济效益与环境效益共赢目标的根本手段。

创建绿色企业是节约资源、解决环境污染问题的必然选择。提高资源利用效率是绿色企业生产的基本要求，在产品的生产过程中按照循环经济减量化、再利用、资源化原则，注重从源头上减少进入生产和消费过程的物质量以及产品完成使用功能后重新变成再生资源，从而减少了对环境有害的废弃物的产生。

创建绿色企业是企业自身可持续发展的需要。企业发展离不开自然资源，但自然资源毕竟是有限的，环境的承载能力也是有限的。当自然资源受到一定程度的约束时，企业的经济发展也会受到制约。在过去的几十年中，我国因经济发展的需要，消耗了大量自然资源，造成了生态环境的严重破坏，自然资源已经呈现出超负荷的状态。如何处理好自然资源的有限性和粗放型生产方式的矛盾是企业面临的重大挑战。加强创建绿色企业，转变企业的粗放型发展方式，走循环经济道路，是企业自身可持续发展的必然选择。

二、创建绿色企业面临的困境

我国创建绿色企业虽然取得了一定的成就，但是依然面临着许多困境，主要表现在以下几个方面。

（一）一些企业对绿色化建设缺乏足够的认识

我国创建绿色企业仍处于探索发展阶段，一些企业缺乏生态意识，对自身的循环经济认识不足，仍然采取粗放式经济发展模式。一些企业仍旧依靠高投入、高消耗、高污染、低效率的发展模式，在生产经营活动中盲目追求企业自身的经济利益，轻视甚至于无视生态环境效益。有的企业不愿意主动承担环境污染治理成本，对企业自身造成的环境问题往往视而不见。

（二）国家对绿色企业的政策支持力度不够

绿色企业要求实施绿色生产，生产绿色产品，但会产生一部分环境成本，从而增加了企业的生产成本，致使绿色产品往往较其他同类产品价格偏高，因此，创建绿色企业需要政府相关部门给予一定的政策支持。然而，我国对绿色企业缺乏政策支撑，没有充分调动企业推行绿色生产的积极性，促进企业绿色化的政策支持力度还远远不够。主要表现在以下两个方面：第一，财政支持力度不够。企业推行绿色生产，生产绿色产品需要投入大量的财力和物力，这些极大地增加了企业的生产成本，但政府给予的相关补贴不足，没有对绿色产品进行足够的价格补贴；第二，我国对促进企业绿色生产的税收政策的支持力度不足。国家对企业的绿色生产行为的税收补贴程度不够，没有对绿色企业给予足够的支持。由此可见，我国需要加强创建绿色企业的政策支持。

（三）创建绿色企业的法律保障相对滞后

法律保障是创建绿色企业的基础。我国环境保护的相关法律起草时间较晚，与市场经济的快速发展相比，环境保护的相关法律的发展则显得相对滞后。譬如，针对部分具体废弃物的回收与循环利用的相关法律法规缺失，对由企业造成的环境污染而产生的民事纠纷等没有明确规定。我国制定的《水污染防治法》《环境保护法》等一系列法律还存在责任不明确的问题，使得执法部门在执法的过程中，难以有效地追究责任人的责任，对违法者难以实施有效的惩罚，致使法律起不到真正的威慑作用。

三、创建绿色企业的路径选择

针对我国创建绿色企业存在的诸多问题，必须采取有效措施加以解决。

（一）加强绿色企业的宣传力度

长期以来，我国一些企业的粗放型发展方式，造成资源环境的不可持续发展。要把传统企业改造成绿色企业，创建绿色企业，首先必须提高企业的生态意识。所以，加强社会舆论对创建绿色企业的宣传力度显得十分必要。增强社会舆论的宣传力度可以从以下两个方面入手：一方面，可以强化新闻媒体对造成环境污染的企业进行曝光，这样有利于提高公众对绿色企业的认知度，普及创建绿色企业相关知识及其对公众生活与生态环境的益处，让大众了解创建绿色企业能够给人们的生活带来怎样的变化，提高公众对创建绿色企业的支持力度；另一方面，网络、报刊等媒体应对创建绿色企业的先进单位进行适当的宣传和表彰，对污染严重的企业予以批评，这样既能够引起社会的广泛关注，又能引导大众崇尚绿色消费，鼓励企业走绿色化的发展道路。

（二）促进企业观念的绿色化转向

企业观念直接影响企业的发展，企业观念的绿色化是创建绿色企业的精神动力，制定长远的绿色企业战略和目标，塑造企业生态文化以及学习先进的绿色企业理念，能够有效地促进企业观念的绿色化转向。

首先，企业管理者应对环境问题具有较强的社会责任感，成为环境保护的倡导者和引领者。企业领导人应当破除传统的所谓注重生态效益就要损害企业自身利益的错误观念，建立起生态生产力优先的价值原则，因为生态优先并不等同于不发展，而是要彻底地改变“三高一低”的传统发展模式，实现绿色发展、循环发展、低碳发展；企业应当将生态环境成本纳入企业生产成本中去，制定有效的绿色企业战略和目标，大力推动企业绿色化改造，把传统企业改造成绿色企业。

其次，加强对全体员工的环境教育，以提高全体员工的环境意识，使全体员工树立起生态文明观念，自觉地按照环保标准进行工作，并能对消费者进行绿色知识的宣传和绿色消费的引导。同时要制定企业道德规范，并以条文的形式约束全体职工的行为，激励他们节约资源和保护环境的积极性，树立企业的绿色形象。

（三）加大绿色企业的政策支持力度

政府应建立健全绿色企业财税支持政策，加大对绿色企业中的关键设备与技术引进的投资，不断完善税收政策，拓宽绿色企业融资渠道等措施，在经济上给予企业大力支持。

1. 加大对企业绿色化的财政投入

我国企业绿色化尚不成熟，一些企业仍旧维持传统的工业化生产模式，对那些向新型绿色化工业生产模式转变的企业来说，大量的清洁生产设备和关键技术的引进显得尤为重要。但由于资金需求巨大，迫使多数企业无法负担，这就需要政府部门有力的财政扶持，鼓励企业进行绿色化改造，把传统企业改造成绿色企业。政府必须加大对创建绿色企业的投资，形成创建绿色企业的资金支持体系，推进绿色企业的创建与发展。

2. 对绿色企业进行必要的物价补贴

政府应对绿色产品在售价上进行差额补贴，并规定其销售价格接近于同类可替代产品的市场价格；政府应对企业陈旧设备的更新换代进行补贴，落后的生产设备是不足以满足环保要求的，政府可以通过价格优惠等财政补贴措施，鼓励企业更换生产设备。

3. 完善税收政策

政府应对企业排放废气、废水、废渣、含铅汽油、工业固体废弃物等征收环境污染税；通过调查与信息采集、定时明察暗访等措施，评估企业的污染排放情况，对减排明显的企业实施税收优惠奖励政策，促进企业不断改进技术，更新设备，加快传统企业的绿色化建设。税收已经日益成为国家促进创建绿色企业的有力工具之一，激励性税收优惠政策能增强创建绿色企业的主动性，这种激励性税收优惠尤其适合鼓励创建绿色企业，许多发达国家都制定了相应的激励性税收优惠政策，以促进创建绿色企业。

4. 完善排污收费、排污权交易制度

目前，我国的排污收费标准很低，有的企业宁愿交排污费也不采取措施治理污染，由于收费低，大大削弱了对企业的制约作用。应逐步提高排污收费标准，将费改为税，使那些污染环境和人体健康的生产厂家无利可图。

5. 强化绿色消费政策

推进创建绿色企业，需要完善我国的绿色消费政策。首先，扩大消费税的征收范围。将耗材多、对环境污染大的产品对其征收重税，通过增加生产者的成本，提高市场价格，对消费者产生影响，迫使企业生产绿色产品。其次，建立绿色标识制度。对从原材料的采掘到废弃物的最终处置整个生命周期过程均符合特定的环境保护要求的绿色产品给予明确标志，表明该产品是绿色产品。人们通过醒目的标志制度，认清究竟哪类产品属于环保产品，哪类产品属于非环保产品。同时由权威部门发布印证，可以加大消费者的购买信心，还可以加大绿色产品的市场占有率。

（四）完善推进绿色企业的法律制度

目前，我国多数企业实施绿色化建设是极为被动的，原因在于我国相关法律法规尚不成熟，因此，推进绿色企业的法制建设显得尤为重要。

1. 完善创建绿色企业的相关立法

我国民法、行政法等法律法规的建立已相对成熟，但与创建绿色企业相关的法律法规还不够完善，对一些高污染、高排放的企业缺少相关法律依据对其进行处罚，使生态环境恶化趋势得不到有效控制。因此，要扩大法律的适用范围，为创建绿色企业提供有力支撑。要不断完善有关资源节约和环境保护的法律法规，引导企业注重资源节约和保护生态环境，促进创建绿色企业。首先，环保部门应对《循环经济促进法》等相关法律之于企业层面的部分进行补充和完善，在已制定的相关法律法规中加大对不合规范的企业的处罚力度；对《清洁生产促进法》可以适当增加强制性规定，比如该法第20条“产品和包装物的设计……优先选择无毒、无害、易于降解或者便于回收利用的方案”，可修改为“在技术许可范围内应当选择无毒、无害、易于降解或者便于回收利用的方案”。还要对一些过时的法律法规进行适当的修正，对现行的法律法规中不适合的内容进行全面或部分的修改，使环境相关法律法规具有更强的操作性和时效性。

2. 加强对企业的环境执法监督

加强对企业的生产活动的环境执法监督审查力度，是维持我国创建绿色企业秩序进行的重要途径。各级政府及相关部门应认真贯彻落实国家和地方政府制定的一系列有关清洁生产、环境保护的法律法规，对企业生产过程进行严格的监督审查，对不符合标准的企业依法进行处理，强制严重污染环境的企业实施停业整顿，停止企业的一切生产活动并让其限期整改，并不定期地对这些企业进行二次抽查。各级政府及相关部门要提高创建绿色企业的认识，坚持依法行政，规范执法行为，提高执法效率，严厉打击严重破坏环境的违法犯罪行为，实行重大环境事故责任追究制度，坚决改变有法不依、执法不严、违法不究的现象。对违规企业，加大惩罚力度。同时，还要建立相应的监督制度，完善监督体系，推动创建绿色企业。政府需依法履行监管职能，加大监管力度，完善现行法律关于环境影响评价、公开听证、群众举报等制度和新闻媒体的舆论监督制度。要通过对公众的教育、培训、宣传等手段，多方调动公众进行直接的、面向基层的监督，从而形成绿色企业有效的监督机制。

（五）强化绿色企业管理

绿色企业管理，就是将生态学的思想运用于企业管理，把企业视为生命的有机体，把企业的生存与发展环境看成一个紧密联系的系统，力图平衡发展和生态环境保护之间的冲突，最终实现经济、社会和环境的协调发展。完善创建绿色企业管理机制，有利于企业推行清洁生产，有助于提升企业形象；甚至能够成为企业走向国际市场的通行证，通过及时地与先进的国际管理方式进行对接，不断地完善企业形象，对企业自身形成一种严格的约束力。

完善的企业管理对创建绿色企业来说是至关重要的。

第一，建立健全绿色化的管理经济责任奖励机制。创立绿色化奖励基金，根据完成既定的绿色化目标情况作为企业评选先进单位的评判标准之一。

第二，完善创建绿色企业考核机制。将创建绿色企业生产责任与企业经营生产责任相统一，以相同的标准来对待，将责任落到实处。

第三，建立创建绿色企业人才培养机制。作为经济实体的企业，为了做好绿色化建设，必须建立与现代企业制度相适应的绿色化企业人才培养机制。从企业内部在绿色化的管理上讲，没有专业的创建绿色企业管理人才，就不能很好地、可持续地发展企业的绿色化，具备专业知识的管理人才能够使企业在绿色化改造及生产活动中高效稳定地运行发展，同时专业人才规范化的管理与操作能够提高企业的生产效率。因此，建立创建绿色企业人才培养机制显得至关重要。

第四，实行创建绿色企业管理团队制。创建绿色企业管理需要具备专业技能的管理团队，团队管理者应当具备较高的管理权限，并通晓各部门的生产运营状况，根据企业的实际情况来制定生态管理机制，将职责细化到每一位管理团队的成员身上，这样做能够及时地发现问题，并落实到相关责任人身上，从而确保创建绿色企业管理的稳步进行。

第五，不断完善创建绿色企业管理机制。企业应根据企业的发展状况和市场需求不断地推进企业自身的绿色化管理机制建设，与时俱进，把绿色化管理渗透到企业生产经营管理的各个环节，这包括全方位的绿色化管理机制和绿色化的监督机制等。

第五节　以绿色技术创新驱动绿色发展

随着经济发展，人类社会进步，“绿色发展”已从单纯的经济学名词转化成为人类社会发展的基本共识，由此引申出的绿色发展得到了各国政界及学术界等的高度关注。习近平总书记在党的十九大报告中将生态文明建设列入重要议题，指出要把生态文明建设放在突出地位，大力推进生态文明建设。推进绿色发展是生态文明建设的必然选择，推进绿色发展的根本途径是依靠绿色技术创新，绿色技术创新是绿色发展的技术基础。大力开展绿色技术创新，才能驱动绿色发展。

一、企业绿色技术创新是推进绿色发展的必然选择

目前，随着我国经济增长速度加快，环境污染案例、雾霾天气情况频发，我国面临严峻的资源环境问题。为此，人们开始反思以高投入、高消耗、高污染为代价追求经济发展的传统发展模式。传统发展观重发展的速度和规模，轻发展的效益和质量。传统发展观下的技术创新活动片面追求经济效益，必然会导致滥用技术，不仅浪费资源，而且还对生态环境造成极大的破坏，损害人类持续发展的能力。因此，我国必须反思以高投入、高消耗、高污染为代价追求经济发展的传统发展模式，加快经济发展方式转变，推进绿色发展，才能遏止环境恶化。为了有效地解决资源能源危机和环境破坏问题，推进绿色发展趋势，必须将技术创新与生态学结合起来，实现技术创新的生态化转变，转向绿色技术创新。

绿色技术创新是生态学向传统技术创新渗透的一种新型的创新系统，在技术创新的各阶段引入生态观念，从而引导技术创新朝着有利于节约资源、保护环境的方向发展，资源最大限度地转化为产品，废弃物排放最小化。绿色技术创新的实质是提高资源利用率，减少废弃物排放。绿色技术创新不仅能够解决人类面临的资源和能源日益短缺的问题，而且能够更好地保护生态环境。

绿色发展是建设生态文明的必然选择，受到党和国家的高度重视。绿色发展是以生态文明为价值取向，以实现经济社会的可持续发展为目标，以绿色经济为基本发展形态，通过开发绿色技术，发展环境友好型产业，降低能耗和物耗，保护和修复生态环境，使经济社会发展与自然相协调的一种经济发展方式。推进绿色发展离不开技术的支撑。只有“开发和推广节约、替代、循环利用的先进适用技术”，才能提高能源资源利用效率，减少环境污染。所以要“大力加强生态环境保护科学技术。……要注重源头治理，发展节能减排和循环利用关键技术，建立资源节约型、环境友好型技术体系和生产体系”。党的十八大提出，创新是引领发展的第一动力，是建设现代化经济体系的战略支撑。习近平总书记深刻认识到实施创新驱动发展战略是协调经济发展与环境保护的有力手段。他指出：“实施创新驱动发展战略，是立足全局、面向未来的重大战略，是加快转变经济发展方式、破解经济发展深层次矛盾和问题、增强经济发展内生动力和活力的根本措施。”这就要求我国要依靠绿色技术创新来发展绿色经济，走绿色技术创新驱动绿色发展的道路，合理利用资源，提高资源利用率，减少环境污染和生态破坏，促进我国的生态文明建设。

我国宏观绿色发展战略体现在微观中则表现为企业的绿色技术创新能力。企业绿色技术创新把生态效益与社会效益纳入技术创新目标体系，把单纯追求市场价值转向追求包括经济增长、自然生态平衡、社会生态和谐有序以及人的全面发展在内的综合效益，最终实现人类的可持续发展，实现生态文明建设的目标。绿色技术创新是推动企业经济转变的重要手段，确保经济能源与生态环境的共赢发展，加快形成资源节约型和环境友好型的经济发展模式，实现从传统粗放型的掠夺式发展走向节约型的和谐式发展道路，最终加快新时代生态文明建设。

企业绿色发展建设离不开绿色技术的支撑。但是我国很多企业绿色技术创新能力不足。首先，我国绿色技术创新的技术基础较为薄弱，创新能力有限，生态工艺应用较少，技术选择环境较差，创新能力普遍不足，特别是对一些中小企业而言，低技术能力是绿色技术创新的主要障碍。其次，虽然绿色技术发展速度很快，但它在我国并没有成熟，没有形成完备的体系，很多难题还尚待解决和攻关，尚未充分发挥其作用、显示其效能。在目前，一些工艺还基本是个理念，未在各个产业的技术和设计上落实，技术和工艺上的“瓶颈”不突破，导致了绿色技术创新过程中的诸多不确定，影响和阻碍了绿色技术创新的进程，严重阻碍了企业生态化建设。与发达国家相比，我国尚未形成能够有效支撑企业生态化建设的技术体系，设备效果差、资源综合利用技术水平低等。

另外，由于绿色产品要求的绿色技术水平高、资金投入大、市场获利不稳定，企业对绿色技术的开发力度有限，致使企业在平衡利润的前提下，对绿色技术的创新动力不足。

二、企业绿色技术创新驱动绿色发展的基本途径

企业绿色技术创新驱动绿色发展，要求从企业生产方式出发，充分开发利用绿色技术，建造绿色企业，发展绿色生产。

（一）绿色技术创新促进传统企业“染绿”，建造绿色企业

发展绿色经济，从微观角度来讲就是建造绿色企业。传统企业中运用工业技术，采取“高投入、高消耗、高污染、低效益”经济增长方式，技术水平和生产工艺相对落后，以原材料的过度消耗为代价片面追求经济增长而忽视对环境的保护。技术的不完善导致企业在对资源进行开采、加工、使用过程中产生废气、废渣、废

液等污染物质。绿色企业是依据生态经济规律和生态系统的高效、和谐的优化原理，综合运用生态工程手段进行绿色技术创新，开发绿色技术，建立和运营以节约资源和废物资源化、能量多重利用并对生态环境少污染或无污染的生产过程，产品符合环境标准为特征的一种现代企业。绿色企业的主要特征是把生态过程的特点引申到企业中来，从生态与经济综合的角度出发，考察工业产品从绿色设计、绿色制造到绿色消费的全过程，以期协调企业生态与企业经济之间的关系，主要着眼点和目标不是消除污染造成的后果，而是运用绿色技术从根本上消除造成污染的根源，实现集约、高效，无废、无害、无污染的绿色生产。

总之，创建绿色企业、发展绿色经济，就是要利用绿色技术改变以大量消耗资源和能源、严重污染破坏生态环境为特征的传统发展模式，按照少投入、低消耗、多产出的集约化方式生产，实现生产全过程的污染控制；就是要利用绿色技术把传统工艺改造成绿色工艺，节约资源，减少废弃物产生；就是要利用绿色技术生产出不危害人体健康的绿色产品。

（二）绿色技术创新推动企业发展绿色生产

传统企业生产的主要技术措施是在生产过程的末端安装废弃物净化装置，采用机械的、物理的、化学的和生物的方法，对废水、废气、废渣进行净化处理。这种方法的主要特点是在生产过程中产品生产和环境保护相分离，即一部分生产过程进行产品生产，另一部分生产过程对废弃物进行净化处理，但这种方法会使污染控制进入困境。而绿色技术创新在原则理念上能最大限度地减少工业技术中对环境造成的危害，以及随之导致对人类健康的损害；在生产实践中则是从产品的材料设计、开发工艺及管理销售各个过程中减少资源能源的浪费和废弃物的排放，贯彻绿色发展的宗旨。企业大力开展绿色技术创新是驱动绿色发展的重要途径。企业推进绿色发展需要能源综合利用技术、清洁生产技术、废弃物回收和再循环技术、资源重复利用和替代技术、污染治理技术、环境监测技术以及预防污染的工艺技术等绿色技术支持，这些绿色技术是构筑绿色经济的物质基础，是绿色发展的技术依托。

（三）企业绿色发展要求大力开发清洁生产技术、资源化技术

企业绿色技术创新在生产中表现为生产工艺的绿色化。生产工艺的绿色化也就是从原材料的获取到最终产品的生产全过程中，在资源利用最大化的同时将其对环境的影响降至最低。绿色技术创新驱动绿色发展模式，要求企业在生产工艺上有所

转变，着力开发清洁生产技术、废弃物利用技术和资源转化技术。

首先，企业通过绿色技术创新，开发清洁生产技术，推进绿色发展。企业通过绿色技术创新，开发清洁生产技术、无害（或低害）的新工艺，以大力降低原材料和能源消耗，实现少投入、高产出、低污染，尽可能少地进行环境污染物排放，即污染控制的主要精力不是放在生产过程的尾部进行净化处理，而是放在整个生产过程中。清洁生产技术包括企业生产过程的清洁和生产产品的清洁两个方面。通过清洁生产技术进行无废或少废生产，使生产过程和产品消费过程变为无污染或少污染，实现生产过程的零排放和制作产品的绿色化。在企业生产过程中，既要实现企业生产过程无污染或少污染，实现生产过程的零排放，又要实现生产出来的产品在使用时也不会对环境造成损害，实现产品的绿色化。

其次，企业通过绿色技术创新，开发资源化技术，推进绿色发展。资源化技术就是将在生产过程中产生的废弃物变为有用的资源或产品的技术。在我国，许多资源除主要有用组分外，大多含有共伴生有用组分，有的共伴生有用组分的价值甚至比主要有用组分还要大。传统技术下共伴生有用组分大多没有加以利用，和废料一起排放到环境中，既浪费资源又污染环境。采用资源化技术对其提炼利用，综合利用其多种有用组分，会产生很高的经济效益和环境效益。而绿色技术创新能够使资源获得绝大部分有用组分的回收和利用，使原材料中各组分都能得到最大应用或得到无损害生态环境的处理。

三、构建企业绿色技术创新的环境支撑体系

企业绿色技术创新驱动绿色发展，必须有社会舆论的引领，政策、法律和市场的环境支撑，应采取以下几方面措施。

（一）加强引领企业绿色技术创新的舆论宣传，倡导绿色消费

企业生产中能否大力开展绿色技术创新，达到经济效益、社会效益、生态效益的有机统一，社会环境因素有重要的影响作用。所以，要在社会导向的层面对绿色技术创新进行引导，引导企业走绿色技术创新道路。企业应充分利用舆论的效力，宣传绿色发展意识，倡导绿色消费，以促进企业将外在的规章内化为自身的行为准则。2017年5月26日，中央政治局第四十一次集体学习聚焦绿色发展方式和生活方式，习近平总书记提出“倡导推广绿色消费”。因此，依据报告要求，中央及各级地

方政府要实行勤俭、节俭政策，抵制享乐主义、拜金主义在党内的蔓延。但节俭消费不是一味地限制消费、限制发展，而是在保障基本生活的要求上，尽可能地减轻消费对环境等造成的压力，促进人与自然的和谐发展。文明消费是一种全面健康的消费形式。人们的基本消费模式包含有物质消费和精神消费。

现阶段，经济飞速发展，人们对物质消费的需求过高，忽略了精神层面的消费需求。人民应当在满足基本物质需求的基础上，积极开展精神消费，推进消费模式的全面健康发展。面对我国那些不顾环境生态利益的过度消费资源、牺牲环境的现状，中央提出适度消费。消费要考虑到资源环境的承载能力，在环境与发展矛盾中寻求二者平衡。只有通过强化绿色发展的社会导向，鼓励企业转变传统发展模式，营造推进企业绿色技术创新的社会舆论氛围，才能促进企业大力开发绿色技术，坚定走绿色技术创新驱动绿色发展道路的决心和信心。

倡导绿色消费必须培育公民的绿色消费意识。要培养公民的生态保护观念，通过学校、网络、电视媒体等多方渠道进行环境保护宣传教育，宣传绿色消费的意义，使人们树立绿色消费理念，认识到地球资源的有限性，认识到绿色消费的重要性，激发人们绿色消费的热情，树立绿色消费的荣誉感。意识决定行动，人们只有认识到绿色消费的重要性，才会有购买绿色产品的行动。

（二）绿色技术创新的政策激励

企业开展绿色技术创新热情的高低、创新质量效果如何，与利益驱动机制的作用，与企业效益紧密相关。政府应采取适当的利益激励，对企业实现绿色技术创新驱动绿色发展具有激励作用。政府应从以下几方面入手。

1. 增加对企业绿色技术创新的投入

绿色技术创新要兼顾生态、资源、环境和社会后果，技术性强，复杂程度高，难度大，风险大，其技术投资和运行费用相当昂贵，这就使一些企业不愿意采用绿色技术。在企业开展绿色技术创新过程中，制约其发展的一个重要因素就是对创新力度的投资比例不足。因此，要不断增加财政预算与技术创新的投入份额，进而给企业以发展空间，减轻企业进行绿色创新的资金压力。政府可直接筹措资金，对开展绿色技术创新的企业给予政策性补贴，降低企业进行绿色技术创新的成本，激发企业开展绿色技术创新的积极性。政府对企业进行绿色技术研发到试点应用再到产业化的各个环节提供低息或无息的优惠贷款支持，不仅鼓励企业积极开展绿色技术创新活动，而且增强其他企业开展绿色技术创新的信心。

2. 政府应完善投资的金融风险体系，以保障企业绿色技术创新的成功概率

绿色技术创新存在着周期长、费用高、风险大等特点，而常规的金融机构往往不愿或不敢贷款，企业因缺乏资金丧失发展绿色技术的基本条件。资金短缺是绿色技术创新发展的主要障碍，所以要建立完善的风险投资体系。风险投资机制是把社会大量的分散资金聚集起来实现资本化、提高资金配置效率的有效手段，为绿色技术创新提供了强大的资金支持。风险投资是一种动态投资行为，它既能满足绿色技术创新的资金需求，又能参与到绿色技术创新活动中来，注重绿色技术创新成果的转化过程，从而加大了绿色技术创新成功的概率。

3. 改变强制性税收为鼓励性税收，调动企业绿色技术创新的积极性

目前，我国的税收体制是以效益为征收范围，企业重视经济生产的利益最大化，以保障国家税收来源。为了充分调动企业绿色技术创新的积极性，应逐步完善支撑绿色技术创新的税收政策，对努力推进绿色技术创新的企业给予适当的优惠政策，以鼓励企业进行绿色、低碳等技术的研发。政府还应修订税收制度，将符合节能减排要求的绿色产品纳入税收的优惠范围，以此激励企业进行绿色生产，亦可以对无污染、低污染的绿色产品适当地减免税收。还可以对实施节能减排的绿色企业进行适当的税费减免，对利用清洁能源、循环利用资源的企业实行低增值税等优惠政策。

（三）构建绿色技术创新驱动绿色发展的制度保障体系

完善的法律体系是推进绿色技术创新的重要保障。基于现阶段我国一些企业的粗放型发展，置环境价值于不顾的现状，仅靠社会引导是不够的，还要从制度层面加以约束，促使企业向绿色化方向转变。政府应从宏观层面为企业技术创新提供法律支撑，为企业推进绿色技术创新提供有利的外部环境，以减少企业在绿色技术创新过程中的干扰，推进企业绿色技术研发和实施。

首先，在立法层面，要尽快建立健全有关促进绿色技术创新的相关法律法规，弥补推动企业绿色发展过程中的法律缺失。目前，我国环境立法还不完善，可依据我国现实情况，在借鉴外国经验的基础上，制定我国有关绿色技术创新驱动绿色发展的法规制度。只有以具体、翔实的法律制度保障为后盾，才能加大推进绿色技术创新的力度。

其次，在执法和司法层面要完善绿色技术创新的法律制度。要严格执法监督检

查，加强执法力度。要通过健全执法体系、树立执法权威、创新执法模式等，从执法机制的更新角度保障绿色技术创新的最新成果。政府相关部门要经常组织开展对绿色技术创新的专利奖励机制，严肃查处盗用、违反创新机制的行为。只有坚持依法行政，规范执法行为，加大执法力度，提高执法效率，才能确保关于绿色技术创新的相关法律的实施。

最后，可酌情构建绿色创新评价体系。在强调经济发展的同时，应建立企业绿色创新评估体系，将企业绿色技术创新考核量化，完善对企业绿色技术创新的考核评价指标，提高企业绿色技术创新积极性，有效推动企业绿色技术创新水平。

（四）大力培育绿色技术市场

绿色技术作为生产要素，最终要投入到实践中，转化为推动社会发展的生产力，而市场就是检验技术是否合格的强有力手段。“国家应当加强企业对绿色技术创新收益的识别，加强对市场消费倾向的引导，而不仅仅是依靠法规强制。”可见，市场是驱动技术创新的重要动力。市场需求的主导力量决定社会对技术创新的需要类型和范围。政府要整合市场现有的绿色技术创新项目并加以迅速推广和应用，逐步建立起多元绿色技术创新市场体系，大力培育绿色技术市场，鼓励与国际绿色技术市场对接，为绿色技术创新的技术开发方和需求方提供技术信息。各级政府要在中央统一领导下，依据本地实际情况，培育绿色市场，促进绿色市场的专业化、社会化。

绿色技术市场的培育离不开绿色人才的推动。应充分利用现有人才资源，并加大培养掌握绿色技术、绿色管理方式的人才，完善人才的评价、考核及管理机制，激发绿色技术人员的创新热情，为绿色技术的创新营造有利氛围，也为绿色市场的开发注入人才力量。不仅如此，政府还要规范绿色市场秩序，强化市场的监督和管理，完善绿色市场竞争机制，优化资源配置，建立绿色产品评判机构，通过确立绿色产品营销资格等来健全市场监管制度。只有完善有利于绿色市场发育的政策，才能引导和规范企业行为，增强其绿色产品生产能力，满足人民群众对绿色产品的需求。

（五）建立绿色技术服务和示范中心

技术创新对提高能效、降低能耗、推动新能源产业的发展具有举足轻重的作用。因此，我国应大力加强绿色技术创新，通过加大对节能减排和新能源技术领域技术创新的支持，推动我国绿色技术创新的发展。国家应当鼓励和支持绿色技术创新推广项目，对成熟的绿色技术创新项目，通过组织、引导和扶持等手段鼓励其在实践中得到广泛的应用。

由于绿色技术创新的经济效益比一般技术创新的经济效益要差，因此依靠技术推动与市场拉动的自然发展，速度必然缓慢。其措施是：成立绿色技术服务和示范中心，集咨询、技术服务、中介机构甚至风险投资等职能于一身的这一组织可由环保部门、产业界与高校和科研院所联合组建，主要进行环境中关键技术和共性技术的系统集成和工程化研究、污染严重工艺的改造、国外先进适用环保技术的消化吸收和创新，以及咨询服务、技术培训等，成为绿色技术的培育示范基地和扩散中心。还应尽快建立高效的技术信息网络和信息传递机制，及时了解国内外绿色技术创新和扩散的最新发展动态。同时，对大多数中小企业来说，仅仅依靠自身力量进行绿色技术的创新往往力不从心，应结合自身实际，利用外界力量组成外协式合作创新。对环保部门不仅要加强法规、标准的执行和监督力度，而且要积极起到中介、协调和服务的作用，利用现有的生产力中心和环保机构网络大力推行合作创新，提高绿色技术创新的扩散能力。

第六节　以绿色消费促进生态文明建设

绿色消费是一种生态化消费方式，体现了尊重自然、保护生态，实现了消费的可持续性，体现了绿色发展观。李克强指出：“应在消费领域倡导绿色消费、适度消费的理念，加快形成有利于节约资源和保护环境的消费模式。”绿色消费是顺应时代发展形势而产生的科学的理性消费模式。它强调人们在消费过程中要具有生态意识，注重环保，节约资源。推行绿色消费，是加强生态文明建设的有效途径。

一、绿色消费的内涵与特征

（一）绿色消费的内涵

国内对绿色消费较为权威的界定是中国消费者协会的定义：一是倡导消费者在消费时选择未被污染或有助于公众健康的产品；二是在消费过程中注重对垃圾的处

理，不造成污染；三是引导消费者转移消费观念，崇尚自然，追求健康，在追求生活舒适的同时，注重环保，节约资源和能源，实现可持续消费。

绿色消费提倡消费者购买和使用健康、无污染的环保产品，提倡最大限度地减少对资源的浪费，做到适度消费。绿色消费反对奢侈和浪费，提倡消费水平要与当前的生产力水平相适应，在合理利用现有的资源不破坏生态环境的前提下，使人们的需要得到最大限度的满足。绿色消费涵盖了人类生活的各个领域，包括了人类的衣、食、住、行、用等方方面面，是一种兼顾人类和生态环境整体利益的可持续性消费方式，主张人类在满足自身需要的同时，又不损害代人满足其需要的权利。绿色消费顺应了社会与自然环境协调发展的趋势，是一种生态化消费方式。

（二）绿色消费的特征

绿色消费与传统消费相比，有其自己的特征，本书综合不同学者的观点，将绿色消费的基本特征概括为以下四个方面。

1. 绿色消费是一种节约型消费方式

绿色消费主张适度消费，反对奢侈和浪费，是一种节约型的消费方式。绿色消费反对传统消费所倡导的过高消费，它要求人们的消费方式要由奢侈浪费向节约的消费方式转变。绿色消费主张的适度并不是主张人们过低消费，把生活水平降低到农业社会时期的那种仅以生存为目的的消费水平上，过着低质量的生活，而是指现有的消费水平要与当前的生产力水平相适应，在充分利用现有的资源，不浪费自然资源和不破坏生态环境的前提下，使人们的需求得到最大限度的满足的消费。

2. 绿色消费是一种可持续性消费方式

绿色消费具有可持续性的特点。它主张人类在满足自身的需要的同时，又不损害后代人生存的权利。绿色消费倡导人们环保消费，在消费的同时不能损害自然环境，破坏生态平衡，损害下一代人的生存环境；绿色消费倡导节约消费，在消费的同时，不能强行占用后代人的资源，剥夺后代人享用资源的权利。绿色消费就是要维护人类生存的可持续性、社会发展的可持续性、生态环境的可持续性，绿色消费顺应了人类社会与自然环境协调发展的这一趋势。

3. 绿色消费是一种公平性消费方式

绿色消费具有公平性的特点。绿色消费是兼顾了代内公平、代际公平、国与国之间公平的消费模式。绿色消费要求消费主体在消费自然资源和物质资料时，应充分考虑到其他消费主体的消费权益，同时要做到保护环境和维护自然生态平衡。就代内公平而言，要求消费者在满足自身的消费需求的同时，不应损害自然环境，浪费物质资源，不应建立在损害他人利益基础之上。就代际公平而言，要求当代人在享受自己的生存权益的同时，不应损害后代人的生存环境和物质资源，当代人应尽可能给后代人创造更好的生存条件。就国与国之间的公平而言，发达国家更应当承担起保护生态环境、节约地球资源的责任，共同保护人类的家园，维护人类的生存权益。

4. 绿色消费是一种生态型消费方式

绿色消费主张人们在消费的同时，也要保护生态环境，鼓励人们使用绿色健康产品，并尽可能地走进大自然，亲近大自然。在这种消费方式下，生态观念更加深入人心。人们不再为消费而消费，人们更加关注绿色环保产品的使用。在吃、穿、用、住、行等方面，消费者越来越追求环保、健康，例如绿色食品、绿色服装、绿色家具越来越受人们的喜爱。绿色消费是更加健康的消费方式，它符合人们的生态需求。

二、推行绿色消费是加强生态文明建设的必然选择

生态文明是超越现代工业文明的以人与自然和谐发展为核心理念的高级文明形态。推行绿色消费是加强生态文明建设的重要途径之一。绿色消费是一种生态行为文明的消费方式，以尊重自然规律为基础，顺应了社会与自然环境协调发展的趋势，保护了人类赖以生存的生态环境，是生态文明建设的必然选择。

消费模式绿色化转向是生态文明建设的必然要求。长期以来，随着生产力的迅速发展，我国居民生活水平的提高，一些居民的消费观念和生活方式发生了很大的转变，开始放纵着日益膨胀的物欲，崇尚着奢侈的消费。例如过度用水、用电，过量耗油，商品的豪华包装，滥占耕地修建豪宅别墅等对自然资源的浪费；使用非循环商品和不可降解的一次性用品，使用有害有机物造成难以恢复的环境污染，并对人体产生危害等。这种消费方式对自然资源的消耗的绝对数量十分庞大，铺张、浪费等现象十分严重，给资源、环境造成了巨大压力，这也是对人类共同的、长远的利益的损害。

绿色消费体现了生态文明尊重生态、保护自然的宗旨。因此正确处理人与自然的关系，尊重自然、保护生态，既实现了消费的可持续性，也体现了生态文明的价值观。

消费模式绿色化转向是生态文明建设的必然要求，推行绿色消费有利于缓解我国目前所面临的资源短缺和环境危机问题。绿色消费是生态文明建设的重要组成部分，是生态文明建设的必然选择，也是生态文明建设的重要途径。

三、我国推行绿色消费面临的困境

我国虽然在推行绿色消费方面取得了一些成就，但仍然面临着很大的困境：我国消费者的绿色消费意识水平不高，购买绿色产品的能力不足；绿色市场发育不完善；很多企业的绿色生产、绿色营销的理念尚未形成，对绿色产品的开发力度不够；政府对绿色消费的政策支持力度不够，国家促进绿色消费的有关法律法规尚不健全等。

（一）一些消费者绿色消费的知识欠缺，绿色消费意识不强

消费者绿色意识的高低，很大程度上影响绿色消费水平的高低。如果消费者不具备正确的生态观念和绿色产品相关知识，就会在很大程度上影响绿色消费的发展。而我国居民总体上受环境教育程度并不高，对绿色消费和绿色产品知识的了解更是欠缺，消费观念还只停留在个人利益和眼前利益上。多数居民关心更多的是产品的价格，而很少考虑产品的安全和环保情况。由于我国居民绿色消费的意识水平低，因此我国很多居民认识不到节约资源、保护环境和自己消费行为上存在着某些关系，从而严重影响了我国绿色消费的发展。

（二）居民整体收入水平低，绿色产品的销售市场需求不足

消费者对绿色产品的关注和购买情况在很大程度上取决于他们的收入水平，在人们平均收入水平还不高的情况下，要求所有消费者都实现绿色消费还很不现实。由于我国经济发展水平总体上还处于中等水平，居民的收入水平存在很大的差异，整体收入水平还不高，有的甚至还处于贫困阶段。虽然一些居民也知道消费绿色产品有利于身体健康，但考虑到绿色产品的价格比较高，自己的经济能力有限，在消费的过程中，不得不选择价格比较低廉的产品，致使绿色产品的销售市场需求不

足，也严重挫伤了我国企业生产绿色产品的积极性。

（三）大部分企业的经济实力不足，对绿色产品的开发力度不够

由于绿色生产需要企业在采购、生产、销售、回收等一系列流程上都做到环保、节能，因而企业开发绿色产品难度大、成本高、风险大，引致企业生产绿色产品的积极性不高。我国大部分企业不具备进行绿色生产的大量资金，再加上上述因素的存在使我国很多企业不愿意生产绿色产品，致使我国绿色企业规模小，提供的绿色产品品种单一、质量不高，无法满足消费者的绿色需求，进而影响到我国绿色消费的发展。

（四）企业绿色生产的支撑环境存在缺陷，绿色生产的积极性不高

一方面，我国政府对开发绿色产品的企业政策支持力度不够，对绿色产品市场管理不到位。我国对绿色企业没有给予足够的鼓励政策，财政补贴不到位，没有给予绿色企业足够的资金支持，再加上税收等政策不完善，难以调动企业绿色生产的积极性。同时，政府未能制定出完善的绿色产品合格标准和市场准入标准，使产品进入绿色市场没有一个衡量标准，使一些不合格的非绿色产品混入市场内。同时，我国产品的有些领域还存在准入标准空白现象，这些都严重地打乱了我国绿色市场秩序，没有营造一个公平的市场竞争秩序。由于我国对绿色市场的监督不到位，企业不能准确地了解产品的市场准入标准，在生产过程中缺乏规范和指导，从而影响了企业对绿色产品的生产。另一方面，国家的环境立法不完善，我国环境执法部门执法不严，使我国一些非绿色产品生产企业仍可以利用法律的漏洞来钻空子，给他们很大的生存空间，致使它们没有足够的压力进行绿色生产，仍然采用原来的老的技术设备进行生产，而不愿投资引进新的技术设备和新的研发技术人才进行绿色技术创新，改变生产流程，进行绿色生产。以上这些因素都严重阻碍了我国绿色消费发展的进程。

四、我国推行绿色消费的对策

推行绿色消费是一项复杂的系统工程，它需要政府、企业、社会、居民各方面共同努力、综合协调。

（一）培育公民绿色消费意识和企业绿色营销观念

加强我国公民绿色消费意识、环境保护意识的培养，对绿色消费在我国的推行十分关键。

首先，我国政府要努力培养公民的生态意识，宣传绿色消费的重要意义。可以由教育部门牵头，到各大高校及科研机构招募环境专家、学者组成生态环保宣讲团，组织生态环保专家宣讲会，宣传环保理念、绿色消费的重要意义，激发人们绿色消费的热情，树立绿色消费的荣誉感。通过专家学者的宣讲，努力转变人们原有的异化了的消费观，使人们认清那种把单纯的符号性的消费本身当成幸福，幸福与否变成了占有消费品多寡的观念是绝对错误的。努力倡导一种“更少地生产，更好地生活”的绿色消费理念，让人们在绿色消费过程中体验人与自然和谐所带来的美好感觉，通过绿色消费的宣传，进而实现人们生活方式、交往方式的绿色化转向。意识决定行动，只有人们认识到绿色消费的重要性，人们才会有购买绿色产品的行动。同时，借助网络、电视等各种媒体，以及社区、消协和一些绿色组织的宣传力量，来加强我国消费者对绿色产品知识的认知度。普及人们对绿色产品的知识，提高人们对绿色产品的鉴别知识，以及技术、安全、卫生、环境标准知识，从而提高人们对绿色产品的识别能力，有效地抵制假冒伪劣绿色产品，维护自己的合法权益，最终使消费者自觉地认同绿色产品，产生绿色消费需求，推动绿色市场的发展。

其次，我国应有计划地把绿色消费理念引入中小学的教材之中，并在课堂上有针对性地对青少年进行绿色环保、绿色消费的教育。组织教育专家编写适合青少年理解的环保教材，把绿色消费作为一项青少年必须认真学的基本技能在课堂上进行传播，使青少年从小就接受绿色消费理念的熏陶，养成健康消费的良好习惯。同时，组织环保意识较强的在校大学生深入绿色消费意识较差的城乡进行广泛的宣传，使广大的城乡居民对绿色消费能够有所认识，这样既可以加强城乡居民的绿色消费意识，又可以增强大学生的环保实践能力。

（二）强化政府职责，加强宏观管理

政府是发展绿色消费的主导力量，为了加快我国绿色消费发展的步伐，我国要建立独立的政府绿色服务部门，制定明确的绿色标准，规范我国的绿色市场秩序，加快推进绿色市场认证步伐，确保绿色产品能够顺利地进入市场，提升绿色产品的品质，为绿色消费创造条件。

1. 制定明确的绿色标准

我国推行绿色消费，首先要制定明确的绿色标准，使我国绿色产品得到科学的认证与管理，为绿色消费提供有效的信息、知识和产品。对绿色产品进行科学认证和严格管理，一方面可以督促企业严格按照绿色标准体系进行绿色生产，提供合格的绿色产品；另一方面也可以杜绝假冒伪劣绿色产品的出现，增强消费者对绿色产品的信心。我国政府要积极推行ISO14000绿色标志认证，提高绿色企业的信誉度，保证绿色产品的质量安全，为绿色消费提供有力的保障。

ISO14000是国际性标准，适应于一切企业的环境管理体系，它实行以预防为主的办法，要求企业实行全过程的控制，通过采取无污染和只造成轻微污染的工艺即所谓的“清洁工艺”，达到杜绝环境污染的目的。如果寿命周期中每一个环节都能通过评定，改善环境影响和减少环境的负荷，这个企业便可称为“绿色企业”，应授予相应标志，所生产的产品无疑也是“绿色产品”，也应该获得某种标志。我国要积极推行ISO14000绿色标志认证，保证绿色产品的质量安全，维护消费者的权益，也为绿色消费营造一个公平健康的市场环境。

同时我国政府还要制定出污染物排放标准，用来约束企业和消费者的行为，为绿色消费营造良好的消费环境。结合经济、技术条件和环境特点，我国污染物排放标准对污染物的种类、数量和浓度作了具体的规定，例如《污水综合排放标准》《恶臭污染物排放标准》《水电厂大气污染物排放标准》《锅炉大气污染物排放标准》《船舶污染物排放标准》等。

2. 规范我国的绿色市场秩序，加快推进绿色市场认证步伐

目前，我国市场各种绿色与非绿色商品鱼龙混杂，消费者根本无力辨认真假，从而影响了绿色消费的发展。对此，必须规范绿色市场秩序，强化市场的监督和管理，加快推进绿色市场认证步伐和市场检测，对属于绿色商品的类别，可以颁发绿色标志，对企业申请认证可以开辟绿色通道，给予尽可能的便利服务，同时做好打假工作，让绿色品牌真正在我国市场上脱颖而出。同时还要按照统一的质量管理标准和制度，搞好市场软硬件的配套建设，加快推进企业自检体系建设，完善委托检验制度，确保绿色产品产出后，经过加工、运输、储藏、批发、零售等环节，到达消费者手中时仍能符合规定的各项质量标准。最终保证绿色产品能够占据市场，使我国公民能够购买上健康、安全的绿色产品，进而切实地推进绿色消费的发展。

3. 运用经济手段引导绿色消费

促进绿色消费的发展，我国政府运用各种经济手段加强对绿色消费者和生产者的引导，加大对绿色消费的经济扶持力度。

我国政府要对绿色产品的生产和销售实行优惠价格。对生产绿色产品的企业来说，它要投入大量资金进行技术开发，改进生产设备，选择绿色生产材料，对废物进行无污染处理，无形中增加了企业的生产成本。企业除了要承担保护环境成本外，还要实现企业的利润，所以制定出的绿色商品的价格要比一般商品高很多。为此，政府应给予绿色产品生产企业一些扶持政策，灵活运用财政和金融杠杆的调节作用，给予绿色生产企业积极支持和鼓励，并在信贷、税收等方面给予优惠政策，承担绿色企业的社会环保成本，从而降低绿色企业生产绿色产品的成本，使其价格能被广大消费者所接受。

在税收方面，我国政府要加大对耗能大、污染多的企业的税收力度，尽快开征资源保护税、环境保护税，增加生态税等。而对绿色产品的生产和消费要给予适当的税收减免，从而积极推进企业经济增长方式的转变和消费者绿色消费的积极性。在推行绿色消费的过程中，税收这个经济杠杆起着重要的作用。因此，构建和完善促进绿色消费的税收制度体系对发展绿色消费有着举足轻重的作用。我国目前促进绿色消费的税收项目不全，相关制度不完善，应从以下几个方面加强建设。

第一，开设新税种。目前我国的税制体系中，与促进绿色消费进行环境保护、节约资源有关的税种主要有消费税、资源税、车船使用税、固定资产投资方向调节税、城市维护建设税等。可见，涉及促进绿色消费、环境保护的税种太少，缺少以此为专门目的的税种，从而弱化了税收在这方面的作用。我国应适时开征一些新税种，如水污染税、垃圾税、硫税、大气污染税、噪声税、生态税等，将一些超过国家标准的污染环境、浪费能源的产品和消费纳入征税范围，引导社会投资向节能型、环保型产品的转移，促进绿色消费的实现及环境保护和能源的节约，实现人与自然的和谐发展。

第二，调整和完善现有的一些税种。我国目前现有的涉及绿色消费、环保与节约资源的税种中，规定不健全，调节力度不够，应当进行适时调整。尤其是应该按照各类应纳税对象对环境损害的程度以及其生产耗能的程度来设置税率，并且同类产品的税赋应当在大体上实现一致。从增强实际调节效果出发，根据这一原则，应当适当提高实木地板、高档化妆品等消费品的消费税税率，并且为进一步发挥差别税率的作用，应大幅度提高对能耗较高的小汽车、超大排气量的汽车以及高档越野车的消费税税率。此外，根据酒精含量来设置酒类产品的税率，提高含铅汽油的税率，使其与无铅汽油税率之间形成合理的差距。资源税方面，现状是税率过低、税档之间的差距过小，对资源的合理利用起不到明显的调节作用，征税范围狭窄，基本上只属于矿产资源占用税。我国应当扩大资源税的征税范围，将土地、森林等应当加以保护开发和利用的自然资源都纳入其征税范围；完善计税方法。加大税档之间的差距，宜将现行资源税按应税资源产品销售量计税改为按实际产量计税，对一切开发、利用资源的企业和个人按其生产产品的实际数量从量计征，加大税档之间的差距，把资源开采和使用与企业和个人的切身利益结合起来，以提高资源的开发利用率。消费税方面，新的调整已于2006年4月1日开始实行，一次性木筷、石脑油、航空煤油等纳入其征税范围，提高了对大排量汽车的消费税税率等，这些都是完善促进绿色消费税制的积极举措。但是，消费税仍有待进一步改革，如将一次性塑料袋、手机、电池等纳入其征税范围；对排气量相同的汽车，视其有无尾气净化装置而区别征税，以鼓励消费者和制造商使用绿色燃料，降低污染度。

第三，加大对污染行为的征税力度。将税负逐步从对收入征税转移到对环境有害的行为征税，是国外促进绿色消费税收制度的特点和趋势，对行为征税可以起到更好的引导和限制作用，可以更加有效地促使企业和个人进行绿色消费、保护环境、节约资源。对污染行为征税，体现了“谁污染谁治理”原则和“完全纳税”原则。税负水平大体稳定，保证了经济的增长。

第四，完善税收优惠措施，充分发挥税收的环保和节约资源作用，引导资金投向绿色生产、绿色消费的行业。我国现行税制中体现促进绿色消费税收的优惠措施主要运用在资源税、增值税、内外资企业所得税和个人所得税中，但这些税收优惠措施单一，缺乏针对性和灵活性，影响了税收优惠政策的实施效果。促进绿色消费税收优惠政策主要体现在直接税收减免、投资税收抵免、加速折旧、烟气纳税等方面，我国也可以引入这方面的政策，以增加税收政策的针对性和灵活性，完善该税制体系。

第五，我国应坚持促进绿色消费税收专款专用。这是一种专门目的的税，其税收收入应作为专用基金，严格实行专款专用制度，全部用于促进绿色消费和环境保护方面开支。只有做到这点，才能使环境保护和污染治理有可靠的资金保证。

第六，自觉的环保纳税意识是基础，完善的环保立法和有效的税收征管是保障。我国应通过广泛的宣传教育，着力增强公民的环保和纳税意识，将主要由我国政府重视的环保工作变成全民参与、人人重视的环保事业，使之有了广泛坚实的基础，并且通过完善的环保立法，使税收等经济政策均能严格依法执行，大大减少了偷逃税的现象。相比之下，我国的排污收费漏交率就相当高。今后，我国应在宣传教育力度、加强税收征管和完善相关立法上要狠下功夫，切实做出成效。

第七，我国应加强其他手段与税收手段的相互协调和配合，共同实现和谐社会和经济的可持续发展，进一步推动绿色消费的发展。我国可以将税收手段与产品收费、使用者收费、排污交易等市场方法相互配合，建立完善的环境经济政策体系，通过环境经济政策引导企业生产绿色产品，鼓励消费者进行绿色消费，进而实现通过绿色消费解决生态问题的根本目标，实现经济、社会、环境的协调发展。

4. 制定合理的货币政策

我国政府要对浪费资源和破坏环境严重的企业实行拒绝贷款的政策，对污染严重的企业采用高利息贷款的手段，增加其生产成本，迫使其改进生产工艺，引进绿色生产流程。而对绿色产业则可贴息贷款、优惠贷款，增加其流动资金，用以壮大生产规模，增加用于进行绿色技术创新的资金，加大引进人才的资本，进而改进环保生产流程和实行绿色生产。同时还要建立绿色产业发展专项投资基金和绿色银行，在财政上对绿色产业的信贷规模给予利率优惠，支持创建和发展绿色企业。

我国政府尤其要重视环境补贴对企业绿色技术发展、推动绿色消费进步的重要作用。环境补贴是指由政府或公共机构向污染控制者提供全部或部分污染控制费用补助或其他财政方面的支持。在具体实践中，环境补贴主要有以下两种具体形式：第一，在研制防治污染设备或技术时，政府以现金、实物或者其他方式给予资助；第二，政府以相对优惠的利率向企业发放专门的防治污染贷款，同时为那些注重在生产过程中产生的环境影响的企业提供贷款担保等多种形式的补贴。

目前，我国在农业生态化生产范围也采取了一些属于环境补贴范畴的政策，但是由于我国的环境补贴仅仅停留在政策层面，还缺乏相应的法律法规进行规范和调整，导致我国对企业进行环境补贴时还存在很多问题。因此，为了保护环境和促进绿色消费，我国应当采取多种方式去规范环境补贴，并且要注意以下几个方面的问题：第一，将补贴控制在一定范围内，以免在国际贸易中招致对方采取征收反补贴税的报复；第二，对小型产业进行普遍性的补贴，以调动其生产绿色产品的积极性；第三，资助较为落后地区的绿色产品生产，全方位地促进绿色消费；第四，对企业的现有设施进行调整，对因适应新的绿色生产要求而产生的资金负担给予补贴和资助。

5. 强化政府绿色采购职能

政府绿色采购是指要求政府在采购中优先选择符合国家绿色认证标准或者具有绿色标志的产品和服务。政府采购的绿色标准不仅要求末端产品符合环保技术标准，而且要按照产品生命周期标准，使产品从设计、开发、生产、包装、运输、使用、循环再利用到废弃的全过程均符合环保要求。由于政府采购额度在国民生产总值中占有相当大的比例，容易影响某些产品所占的市场份额和消费者的选择，因此，政府绿色采购制度是促进绿色消费、发展循环经济的重要措施和突破口。政府绿色采购不但能够促进企业绿色生产技术的发展，降低绿色产品成本，促进绿色市场形成，而且能够倡导绿色消费观念，培养消费者绿色消费习惯，对保护环境有着相当重要的意义。

2006年，国家环境保护部和财政部联合发布了首批《环境标志产品政府采购清单》和《环境标志产品政府采购实施意见》，并且承诺将进一步完善政府绿色采购清单，推动政府绿色采购工作的开展。但目前我国政府绿色采购制度仍然存在许多不足之处，很多规定还有待进一步的细化，因此我国应在不断强化政府绿色采购职能方面加大力度，并出台一部专门的“我国政府绿色采购实施条例”，严格规范绿色采购的主体、操作规程、法律责任、执行标准以及采购范围等，加强监督和管理，为我国政府推行绿色采购提供指导性原则。

首先，我国应建立绿色采购清单制度和标准制度。绿色采购清单，是指政府依据相关的环保和节能标准来认定相关的产品和服务，采购者则必须按照清单所列的绿色产品进行采购。绿色标准制度，是指政府给采购者所提供的一种标准而非特定的产品。清单制度虽能直接落实，但是由于其不能覆盖所有的产品，因此具有一定的片面性；而标准制度的实用性和可操作性比较强，采购时可以做到一目了然。这两种制度各自都有优点和缺点，我国政府应该取其长避其短，将两者结合起来，以更好地实现绿色产品的政府采购。

其次，完善绿色采购监督机制，促进政府绿色采购的良好发展，必须建立起针对政府绿色采购的有效监督机制。环境信息的发布与公开是政府绿色采购实施的重要依据，因此，监督就要从最初的绿色产品信息着手，必须制定一部专门的法律来公开相关环境信息，包括产品和服务的环境负荷等，由政府部门进行整理与分析，并及时公布政府绿色采购的具体执行情况，建立合理有效的部门和公众监督机制。

（三）完善推行绿色消费的法律法规及监督机制

通过完善绿色法律法规来推进绿色消费的实施，就是要贯彻绿色消费法律的指导思想和基本原则，按照我国绿色消费促进法律的建构，由各类具体消费与环境保护法律规范所组成的，相互配合、相互联系的特定法律制度。绿色消费法律制度作为我国为促进环境和消费发展而构建的法律制度，其核心是运用法律手段实现消费与环境之间的积极互动。绿色消费促进法律制度应为一系列法律规范组成的集合，对调整绿色消费法律关系具有较强的操作性和针对性。我国的相关司法、立法部门应不断地提高自身的司法创新能力，切实做到违法必究，切实让违法企业为自己的违法行为埋单，扭转违法企业存在的侥幸心理，不断推动企业环境法律意识、绿色消费意识的全面提升，逐步完善推行绿色消费的法律、法规，制定可操作性强的法律法规。针对当前环保法律法规可操作性不强的实际情况，法律法规部门要尽快修订和完善绿色消费的有关法律法规，使环境监察工作责任更加明晰，执法更有依据，在法律上明确我国地方各级政府及经济、工商、供水、供电、监察和司法等有关部门的环境监管责任，建立并完善环境保护行政责任追究制。

我国要加强对企业进行绿色生产的监督，对生产程序不符合绿色生产标准的企业进行法律制裁，加大对污染环境的企业的惩罚力度，迫使企业利用绿色技术来改进生产工艺，进行绿色生产。虽然目前我国已先后颁布了《环境保护法》等多项法律法规，但国家在促进绿色消费的法律法规建设方面还存在很多不足之处。国家应该加大绿色消费、环保方面的立法，用法律加强对生产经营非绿色产品的企业的管理和限制，为实现绿色消费营造一个适宜的法律环境。除此之外，市政府的工商管理、技术监督、卫生防疫等部门应协同作战，建立有效的监管程序，加大执法力度，为绿色消费提供良好的市场环境和法律保障。

为了进一步提高我国环境监察水平，保障绿色消费的顺利实施，我国还要加强基层环境监察队伍执法能力建设，打造过硬的执法队伍。环境监察是环境保护体系中的重要组成部分，是一柄现场执法的环保之剑。环境监察工作是环保工作中综合性、实践性最强的工作，涉及环境管理的各个方面，而环境监察人员素质的提高，是各项环境监察工作开展的根本保证。因此，我国环保部门要着力抓好环境监察人员的综合能力和综合素质的培养，进一步提高环境监察人员会检查、会分析、会执法、会监督的工作能力，不断提高环境监察人员的四大基本素质：坚定的思想和政治素质、过硬的专业和身体素质、必备的文化和心理素质、必需的责任心和事业心；培养环境监察执法人员在环境监察工作中忠于职守、爱岗敬业、有法必依、执法必严、违法必究的良好工作作风。

我国应不断地加强日常环境监察工作，提高环境监察工作实效。面对因守法成本高、违法成本低造成的企业违法排污的现象，环境监察人员必须将日常环境监察工作提到议事日程中，通过采取定期监察和不定期监察相结合、白天监察和夜间监察相结合、自己查和群众查相结合的原则，随时掌握企业排污动态，及时做出处理。同时我国还要不断增强环境保护多项制度的可操作性；对环境法律法规中义务性条款均要设置相应的法律责任和处罚条款；建立健全市场经济条件下的“双罚”制度，针对目前执法中普遍存在的只罚企事业单位，不罚单位的直接责任人和有关领导的缺陷，确立既罚单位也罚个人的“双罚”制度；赋予环保部门必要的强制执法手段，如查封、扣押、没收等，落实对违法排污企业停产整顿和出现严重环境违法行为时的停批停建项目权等；制定统一的环境监察技术规范，确保环境执法合法公正；制定环境监察技术规范、执法操作规范等，并积极组织培训，使每一名环境监察人员在具体的环境监察工作中有“抓手”，避免由于环境监察人员个人能力和个人素质原因，造成检查不到位、不会检查等问题的发生，避免造成同等企业实施行政处罚不一致、使用环保法律法规不当等有损环境法律权威和严肃性问题的发生。

（四）加强绿色管理，实施绿色营销策略

我国推行绿色消费，企业责无旁贷。我国企业应加强绿色管理，实施绿色营销策略，为消费者提供绿色产品。具体来说，我国企业应着重做好以下两方面工作。

1. 我国企业应强化绿色管理

绿色管理是把生态环境管理纳入工业企业的经营管理之中，使生态环境管理和生产经营管理紧密结合起来，形成生态与经济协调互促型的工业企业管理模式。企业只有加强绿色管理，生产出更多的绿色产品，才能满足消费者日益变化的消费需求，才能在竞争中占据有利地位、我国的全部企业都应该站在发展生态文明的高度上，努力将绿色管理模式引入到企业日常的运行之中，按照生态原则来安排生产活动，通过绿色化管理来整合资源、配置资源，以最大的效力来生产绿色产品，推进绿色消费。

2. 加强绿色营销策略，提高绿色消费效果

企业应以市场经营为导向，在原材料的采购、产品的设计和制造、保管和运

输各方面坚持绿色标准，加强对生产、加工、销售环节的安全控制，为消费者提供源源不断的绿色产品。企业应以产业化经营为切入点，加强技术创新，努力降低产品成本，制定合理的绿色产品的价格，激发消费者对绿色产品的消费动机。企业应坚持诚信原则，客观宣传绿色产品，科学介绍绿色产品，提高顾客的绿色消费满意度。为了进一步发展绿色消费，我国企业应加强绿色营销策略，提高绿色消费效果。

一方面，要完善绿色营销管理机制，成立专门的绿色营销工作领导机构。主管领导任组长，分管领导任副组长，各部门负责人为组员的绿色营销管理领导小组全面负责绿色营销工作，主抓绿色营销管理工作，定期主持召开能源原材料消耗情况分析会议，加强绿色营销管理工作。另一方面，完善绿色营销制度建设。根据有关法律法规并结合企业实际情况制定“能源管理标准”“能源管理制度”“能源消耗定额考核办法”“废旧物质回收管理制度”等能源和节能管理制度，通过岗位责任制和能耗、物耗定额管理等形式将管理规范化、制度化，绿色营销目标层层分解落实到各生产单位，纳入经济责任制考核，形成“目标明确、责任到人、考核公开、奖罚分明、人人参与节能减排”的良好机制氛围。

（五）强化民间社团及消费者协会在推行绿色消费过程中的作用

民间社团及消费者协会在推行绿色消费过程中的作用非常巨大，我国要积极主动地发展有利于绿色消费推广的民间社团，强化消费者协会对绿色消费发展的积极作用，弥补政府管理不到位或监管不到的空白、死角。

1. 发挥民间社团的纽带作用

绿色消费模式的构建还要借助民间社团的作用。我们每个人都是社会中的一员，绿色消费在我国发展进程的快慢，取决于我们每一位公民的绿色消费意识和行为。因此，要想在我国全面地实现绿色消费，就必须发挥民间社团的桥梁作用，发挥民间社团把群众联系到一起的纽带作用。

我国的民间社团是联系广大人民群众的桥梁和纽带，对树立我国消费者绿色消费意识有着举足轻重的作用。如学校中有学生环境与生态保护协会，让学生积极参与到环境保护运动中来，宣传保护城市生态环境的重要性，不仅培养了自己的生态意识，而且对普及广大市民的环保知识有很大的促进作用，为绿色消费的发展奠定了生态知识基础。

在民间，还有各种民间生态环保社团，他们开展了丰富多彩且富有教育意义的各种绿色运动，如环境保护运动、动物保护运动、节约资源运动、绿色消费运动等，使广大人民群众明白保护环境、绿色消费与每个人息息相关，使他们主动参与到绿色消费的行动中来，成为运动的组织者、宣传者。民间社团还可以发挥它的监督作用，对生产者和绿色管理部门进行监督，及时反映群众的意见；参与对决策执行情况的监督，以增强市场的公开度，最大限度地保证公众利益。民间社团通过对生态观念、绿色消费观念进行广泛传播，使绿色消费意识深入人心，最终让绿色消费活动得到群众的支持和广泛参与。

2. 强化消费者协会维护权益、宣传绿色消费的职能

消费者协会在发展绿色消费方面的作用非常巨大，我国要积极地利用消费者协会在推进绿色消费方面的作用。消费者协会作为一个保护消费者合法权益的组织，应该从维护消费者权益出发，要积极受理消费者在绿色消费中的投诉，加大维权力度，维护消费者的绿色消费权益，增强消费者的绿色消费信心，促进全社会的绿色消费。对损害消费者权益的行为，消费者协会要通过大众传播媒体给予揭露，对生产者、销售者起到引导和约束的作用，从而为绿色消费营造良好的消费环境。消费者协会还要向消费者提供各种绿色消费信息和咨询服务，使消费者能够全面、及时、准确地了解绿色消费信息，让消费者在选择产品的时候能掌握更为充分的信息，避免被市场上虚假的消费信息所欺骗，从而对自己的消费行为做出正确判断，引导和激发绿色消费需求，以促进绿色消费的发展。

消费者协会还应该承担起宣传绿色消费的重任，组织绿色消费主题活动，找准活动的切入点，注重活动效果，尤其要注意对广大农村消费者和城镇中低收入消费者的绿色宣传与教育，真正使绿色消费观念深入人心。

参考文献

［1］ 卢风．生态文明[M]．北京：中国科学技术出版社，2019.

［2］ 陈丽鸿．中国生态文明教育理论与实践[M]．北京：中央编译出版社，2019.

［3］ 刘鹏．生态环境损害法律责任研究——以马克思主义生态文明观为视角[M]．武汉：华中科技大学出版社，2019.

［4］ 刘辉．生态文明背景下我国环境税征收改革研究——基于政治经济学的视角[M]．北京：首都经济贸易大学出版社，2019.

［5］ 传统文化与生态文明[M]．南昌：江西高校出版社，2019.

［6］ 段娟．当代中国生态文明[M]．北京：五洲传播出版社，2019.

［7］ 王火清，林媛，杜立群．生态文明教育[M]．上海：同济大学出版社，2019.

［8］ 阎红，叶建忠．生态文明教育研究[M]．北京：知识产权出版社，2019.

［9］ 杨华．生态文明的法治路径[M]．北京：中国政法大学出版社，2019.

［10］张婷婷．生态文明建设研究[M]．延吉：延边大学出版社，2019.

［11］中共中央组织部．生态文明建设[M]．北京：党建读物出版社，2019.

［12］刘永红．生态文明建设的法治保障[M]．北京：社会科学文献出版社，2019.

［13］陈晓红．生态文明制度建设研究[M]．北京：经济科学出版社，2019.

[14] 侯京林. 生态文明的发展模式[M]. 北京：中国环境出版集团，2018.
[15] 周珂. 生态文明建设与法律绿化[M]. 北京：中国法制出版社，2018.
[16] [德]魏伯乐，[瑞典]安德斯・维杰克曼. 翻转极限——生态文明的觉醒之路[M]. 程一恒，译，上海：同济大学出版社，2018.
[17] 陈士勇. 新时期公民生态文明教育研究[M]. 长沙：湖南师范大学出版社，2018.
[18] 十八大以来生态文明体制改革的进展问题与建议课题组. 生态文明体制改革进展与建议[M]. 北京：中国发展出版社，2018.
[19] 张君明. 环境法与生态文明建设[M]. 长春：吉林大学出版社，2017.
[20] 宋豫秦. 生态文明论[M]. 成都：四川教育出版社，2017.
[21] 常杰. 生态文明中的生态原理[M]. 杭州：浙江大学出版社，2017.
[22] 蔡守秋. 生态文明建设的法律和制度[M]. 北京：中国法制出版社，2017.
[23] 刘涵. 习近平生态文明思想研究[D]. 长沙：湖南师范大学，2019.
[24] 王云鹤. 生态文明法治化的正义维度研究[D]. 武汉：华中科技大学，2019.
[25] 张成利. 中国特色社会主义生态文明观研究[D]. 北京：中共中央党校，2019.
[26] 尚晨光. 生态文化的价值取向及其时代属性研究[D]. 北京：中共中央党校，2019.
[27] 郭立平. 习近平生态文明思想研究[D]. 南昌：江西农业大学，2019.
[28] 石宇轩. 马克思主义生态观视角下我国生态文明建设研究[D]. 长春：长春工业大学，2019.
[29] 常颖. 马克思主义生态正义观及其当代价值[D]. 西安：西安理工大学，2019.
[30] 穆辰辰. 马克思主义生态观视阈下“美丽中国”建设研究[D]. 济宁：曲阜师范大学，2019.
[31] 王亚平. 生态文明建设与人地系统优化的协同机理及实现路径研究[D]. 济南：山东师范大学，2019.
[32] 王蕾. 习近平生态文明思想蕴涵的政治制度伦理研究[D]. 广州：华南理工大学，2019.
[33] 张洪伟. 新时代中国生态文明制度建设特色与路径研究[D]. 北京：中共中

央党校，2019.
[34] 刘丽娜. 生态文明建设视域下政府责任问题研究[D]. 大连：辽宁师范大学，2019.
[35] 任倩. 生态文明概念解析[D]. 呼和浩特：内蒙古大学，2019.
[36] 申佳佳. 中国特色社会主义生态文明思想的演进逻辑[D]. 金华：浙江师范大学，2019.
[37] 陈妍卉. 中国特色社会主义生态文明建设思想研究[D]. 昆明：云南师范大学，2019.
[38] 姜学成. 生态文明的社会主义文化阐释[D]. 太原：山西大学，2018.
[39] 王喆芃. 习近平生态文明建设思想研究[D]. 晋中：山西农业大学，2018.
[40] 董洪光. 我国生态文明建设中的法制建设研究[D]. 锦州：渤海大学，2018.
[41] 董楠. 生态和谐对人的发展意义研究[D]. 锦州：渤海大学，2018.
[42] 高俊虹. 生态文明体制改革背景下政府环境保护责任研究[D]. 南宁：广西大学，2018.
[43] 刘月. 我国生态文明建设的困境及应对策略研究[D]. 保定：河北大学，2018.
[44] 张永亮，俞海，高国伟. 生态文明建设与可持续发展[J]. 中国环境管理，2015，7（5）：38-41.
[45] 宋刚. 基于生态文明建设的绿色发展研究[J]. 中南林业科技大学学报（社会科学版），2015，9（1）：7-10.
[46] 张云飞. 生态理性：生态文明建设的路径选择[J]. 中国特色社会主义研究，2015（1）：88-92.
[47] 孟伟，舒俭民，张林波. “十三五”生态文明建设的目标与重点任务[J]. 中国工程科学，2015，17（8）：39-38.
[48] 呼和涛力，袁浩然，赵黛青. 生态文明建设与能源、经济、环境和生态协调发展研究[J]. 中国工程科学，2015，17（8）：54-61.
[49] 钟茂初. 以改革和法治思维推进生态文明建设[J]. 学习与实践，2015（3）：10-17.
[50] 黄娟. “五大发展”理念下生态文明建设的思考[J]. 中国特色社会主义研究，2016（5）：83-88.

[51] 林美卿，苏百义．生态文明建设的人性思考[J]．山东社会科学，2016（4）：114-118.

[52] 赵文力．论生态文明建设的文化转向[J]．学习论坛，2016，32（10）：62-65.

[53] 齐杰．论生态文明建设法律保障体系的构建[J]．法制博览，2016（28）.

[54] 谢园园，傅泽强，邬娜．解析我国生态文明建设面临的重大挑战[J]．中国工程科学，2015，17（8）：132-136.

[55] 秦琴．生态文明建设中主体权责的错位与重构[J]．中国环境管理干部学院学报，2018（3）.

[56] 丁宁．探究生态文明建设的科学内涵与基本路径[J]．经贸实践，2018（1）：9-10.

[57] 程广丽．探寻生态文明建设的科学依据[J]．自然辩证法研究，2019（7）.

[58] 欧阳康，赵泽林，熊治东．生态文明建设的文化新使命与新境界[J]．环境保护，2019（11）.

[59] 赵海月，赵晓丹．保持加强生态文明建设的战略定力[J]．人民论坛，2019（23）.

[60] 许国斌．践行绿色发展理念，加强生态文明建设[J]．人民论坛，2019（9）.

[61] 郭志全．生态文明建设中公民生态意识培育多元路径探究[J]．环境保护，2018（10）.

[62] 徐云，曹凤中．环境保护督查制度是推进生态文明建设的一项核心制度安排[J]．黑龙江环境通报，2018（1）.

[63] 李美鑫．乡村振兴战略视野下农村生态文明建设困境的法治化解[J]．商丘职业技术学院学报，2019（3）.

[64] 解振华．中国改革开放40年生态环境保护的历史变革——从“三废”治理走向生态文明建设[J]．中国环境管理，2019（4）：5-10.

[65] 刘伟杰，师海娟．生态文明建设政策保障体系研究综述[J]．山东农业工程学院学报，2019（7）：106-108.